Pascal Lafourcade et Malika More

15 ÉNIGMES LUDIQUES POUR S'INITIER À LA PROGRAMMATION PYTHON

DUNOD

Découvrez aussi :

- P. Lafourcade, M. More, *25 énigmes ludiques pour s'initier à la cryptographie*, Dunod, 2021
- J.-G. Dumas, P. Lafourcade, A. Tichit et S. Varrette, *Les blockchains en 50 questions – Comprendre le fonctionnement et les enjeux de cette technologie*, Dunod, 2019
- J.-G. Dumas, P. Lafourcade, P. Redon, *Architectures de sécurité pour internet – Protocoles, standards et déploiement*, Dunod, 2020
- J. Guillod, *Programmation Python par la pratique – Problèmes et exercices corrigés*, Dunod, 2021
- B. Cordeau, L. Pointal, *Python 3 – Apprendre à programmer dans l'écosystème Python*, 2e édition, Dunod, 2020

Direction artistique : Studio Dunod
Graphisme de couverture : Nicolas Wiel

11 rue Paul Bert, 92240 Malakoff
www.dunod.com
ISBN 978-2-10-083430-3

À tous ceux qui sont prêts à forger des codes pour gagner de l'argent.

Sommaire

Avant-propos **VII**

1 Python 3 **1**

1 Une brève introduction 3

2 Les énigmes à résoudre **9**

1 À ski ☆ 11
2 Cryptarithme ☆ 12
3 À vos spatules ☆ 14
4 Les Shadoks comptaient ☆ 16
5 La stéganographie ☆ 18
6 Canaux cachés ☆ 21
7 Coloriage à deux couleurs ☆☆ 23
8 Vote électronique ☆☆ 27
9 Bitcoin ☆☆ 31
10 Syracuse ☆☆ 33
11 Courbes de Bézier ☆☆ 35
12 Au temps des Grecs ☆☆ 39
13 Un arbre quaternaire ☆☆ 42
14 Les sept ponts de Königsberg ☆☆☆ 44
15 Le compte est bon ☆☆☆ 47

3 Les indices… en cas de besoin 49

1 Indices de niveau 1 51
2 Indices de niveau 2 54
3 Indices de niveau 3 58

4 Les solutions 63

1 À ski ☆ 65
2 Cryptarithme ☆ 72
3 À vos spatules ☆ 81
4 Les Shadoks comptaient ☆ 90
5 La stéganographie ☆ 97
6 Canaux cachés ☆ 104
7 Coloriage à deux couleurs ☆☆ 107
8 Vote électronique ☆☆ 113
9 Bitcoin ☆☆ 118
10 Syracuse ☆☆ 123
11 Courbes de Bézier ☆☆ 135
12 Au temps des Grecs ☆☆ 144
13 Un arbre quaternaire ☆☆ 150
14 Les sept ponts de Königsberg ☆☆☆ 157
15 Le compte est bon ☆☆☆ 166

Table des figures 171

Liste des abréviations 173

Bibliographie 174

Index 175

Avant-propos

Ces 15 énigmes sont des challenges pour vous faire découvrir des concepts importants de l'informatique en vous amusant. Elles nécessitent plus ou moins de logique, de réflexion et d'astuce. Cependant, elles sont toutes accessibles à l'aide de concepts abordés au lycée.

Pour chaque énigme, nous avons conçu trois niveaux progressifs d'indices, qui se trouvent dans un chapitre séparé au milieu du livre. Ainsi, si après avoir commencé à réfléchir, vous êtes bloqué, vous trouverez avec les indices une aide graduée pour vous donner un coup de pouce et vous mettre sur la piste de la solution.

Les niveaux de difficulté des énigmes sont indiqués par des étoiles. Le niveau facile est représenté par ☆. Les énigmes de ce niveau sont accessibles à tous, moyennant parfois un peu de persévérance. Pour les résoudre il faudra écrire des programmes Python 3 assez simples.

Le niveau intermédiaire est représenté par ☆☆. Dans ces énigmes, la réflexion ou les calculs sont plus complexes, et il arrive que la solution repose sur une astuce un peu moins évidente que dans le premier niveau. Les programmes à écrire pour ces énigmes sont clairement un peu plus complexes.

Le niveau ☆☆☆ est le niveau difficile. Il comporte deux énigmes qui nécessitent beaucoup de réflexion ou qui demandent des connaissances en mathématiques et en informatique un peu plus avancées. Il faudra faire preuve de ténacité pour concevoir ces programmes afin de trouver la solution.

Cet ouvrage s'adresse principalement à des lycéens scientifiques. L'objectif est de proposer des énigmes dont la solution peut être obtenue à l'aide d'un programme Python 3. Il fallait bien choisir un langage pour présenter les solutions, mais il est bien entendu possible de programmer dans votre langage de programmation favori pour résoudre ces énigmes. En début d'ouvrage, nous fournissons en quelques pages la description des principales commandes en Python 3 utiles pour la résolution des énigmes.

Les thèmes des énigmes sont l'occasion de découvrir de nombreux concepts importants en informatique. La plus grande partie de cet ouvrage est constituée des solutions détaillées de toutes les énigmes. Chaque solution contient non seulement le programme Python 3 amenant à la résolution de l'énigme, mais aussi des explications détaillées sur la conception de l'algorithme correspondant. En guise de clin d'œil, chaque solution est accompagnée d'une citation scientifique ou littéraire en rapport avec l'énigme ou sa solution.

L'aspect ludique de cet ouvrage motivera certains lecteurs pour coder les solutions et les poussera à faire preuve de créativité pour écrire des programmes résolvant les énigmes.

Ce livre s'adresse en premier à un public qui aime programmer et vise à proposer des problèmes accessibles pour les programmeurs, afin qu'ils découvrent et apprennent des concepts importants de l'informatique. Il s'adresse aussi, indirectement, à tous les enseignants de Lycée en mathématiques, puisqu'il leur est prescrit de faire programmer leurs élèves avec Python 3. Ces énigmes sont une banque d'exercices corrigés au même titre qu'un manuel de cours.

Les énigmes, les indices et les solutions contiennent de nombreux encarts biographiques, historiques, techniques, mathématiques, Python 3, culturels, de solution de codes Python 3 ou encore d'objectifs pédagogiques pour les enseignants en rapport avec les concepts abordés. Ils sont représentés respectivement par ces icônes :

Les fichiers correspondant aux énoncés des énigmes, aux programmes des solutions et des compléments en Python 3 sont disponibles à l'adresse :

`https://www.dunod.com/ean/9782100834303`

Remerciements : Nous remercions Cédric Lauradoux pour nous avoir montré la voie pour la création de ces énigmes. Nous adressons aussi nos remerciements à Flavien Binet, Guenaëlle De Julis, Emmanuel Delay, Christine Solnon, Thibault Ralet pour leurs contributions à l'élaboration du contenu de ce livre. De plus, nous exprimons également notre gratitude à Jean-Luc Blanc, Matthieu Daniel et Anne Le Duc pour leurs commentaires et suggestions constructives, à la suite de leurs relectures assidues.

Clermont-Ferrand, le 13 septembre 2022.
Malika More et Pascal Lafourcade*.

* Nous serons heureux de répondre à vos questions par email.

1

Python 3

1 Une brève introduction

Dans cet ouvrage, les solutions des énigmes sont données en Python 3 à titre d'illustration, un logiciel libre [#]. Il est bien entendu possible de rédiger les solutions dans le langage de programmation de votre choix, puisqu'un langage de programmation comprenant des instructions pour effectuer des calculs arithmétiques, des affectations de variables, des instructions conditionnelles et des boucles (`while`) permet de programmer n'importe quel algorithme.

Dans ce chapitre introductif, les commandes les plus utilisées dans les solutions des différentes énigmes sont présentées. Dans certains cas, des précisions supplémentaires sont données dans les énoncés ou dans les indices. Pour avoir plus de détails sur Python 3, et pour apprendre à programmer en Python 3 de façon organisée, il existe de nombreux ouvrages [Gui21] et des sites de cours dédiés. Le site de référence, mais pas le plus simple pour débuter, est le manuel officiel accessible en ligne `https://docs.python.org/fr/3/`. Si vous êtes déjà à l'aise en Python 3, vous n'aurez probablement pas besoin de vous référer à ce chapitre, sinon, n'hésitez pas à le parcourir pour chercher des idées lorsque vous manquez d'outils pour programmer la solution d'une énigme.

Tout d'abord, notez qu'en Python 3 le symbole # permet de commenter le reste de la ligne, ce qui signifie que tout ce qui est écrit après ce symbole sur la même ligne ne sera pas pris en compte lors de l'exécution du programme. De plus, il est essentiel de savoir que les *tabulations* en Python 3 jouent un rôle crucial et que leur présence ou leur absence aux bons endroits peut modifier le comportement d'un programme et même générer des erreurs. Pour éviter d'avoir de longues lignes en Python 3, il existe l'opérateur \ également connu sous le nom de saut de ligne explicite. Il permet de diviser une seule longue ligne continue en plusieurs lignes de code plus petites et plus faciles à lire.

```
string = "Cette"+ " chaine"+ " est" + " bien" + " trop" + " longue"\
 + " pour"+ " tenir" + " sur" + " une"+ " ligne."
```

[#] `https://www.python.org`

Affectation et opérations mathématiques simples

Le symbole = permet d'affecter la valeur d'une expression à une variable. Par exemple, les deux instructions `x=3` suivie de `x=x+1` affectent successivement la valeur `3` à la variable `x` puis la valeur `3+1`, soit `4`, à cette même variable.

Les opérations numériques d'addition, soustraction, multiplication, division, puissance, ainsi que les opérations booléennes négation, et, ou, se notent respectivement `a+b`, `a-b`, `a*b`, `a/b`, `a**b`, `not a`, `a and b`, `a or b`. Concernant la division euclidienne, si $a = b.q + r$ avec $0 \leq r < b$, alors $q =$ `a//b`, et $r =$ `a%b` ou $r =$`divmod(a,b)`.

Lorsque ces opérations sont possibles, pour convertir la variable `y` en entier il faut écrire `x=int(y)`, et pour convertir la variable `x` en chaîne de caractères, il faut écrire `y=str(x)`.

Instruction conditionnelle : `if`

Pour exprimer une condition, les mots clés `if`, `else` et `elif` sont utilisés. Le code suivant affecte la valeur `3` à la variable `res` si la valeur de la variable `x` est strictement plus grande que `3`, sinon, si `x` vaut zéro alors `res` reçoit la valeur `0` et sinon `res` prend la valeur `1`.

```
if x > 3 :
    res = 3
elif x == 0 :
    res = 0
else :
    res = 1
```

Il est important de remarquer que `==` est utilisé dans les tests des conditions et que ce symbole est différent de celui utilisé pour symboliser l'affectation. Par ailleurs, le symbole : après la comparaison ainsi qu'une tabulation pour chacun des cas sont obligatoires. Les parties du code correspondant à `elif` et à `else` ne sont utilisées que si l'algorithme les rend nécessaires, dans le cas contraire il est possible de ne pas les écrire.

Les opérateurs de comparaison usuels se notent comme suit : `a<b`, `a<=b`, `a>b`, `a>=b`, `a==b`, et `a !=b` (pour `a` différent de `b`).

Boucles : `while` et `for`

Le programme suivant affiche les entiers de 0 à 9 grâce à une boucle `while`.

```
i=0
while (i<10) :
    print(i)        #0 1 2 3 4 5 6 7 8 9
    i=i+1
```

Le programme suivant fait la même chose avec une boucle `for`. En Python 3, la fonction `range(i)` retourne l'ensemble des valeurs entières entre `0` et `i-1`.

```
for i in range(10):
    print(i)        #0 1 2 3 4 5 6 7 8 9
```

Chaînes de caractères

- La chaîne de caractères vide est notée `""` (sans espace entre la paire de guillemets).
- Pour concaténer deux chaînes de caractères, comme `"Bon"` et `"jour"`, il suffit d'utiliser le symbole d'addition `+`. Ainsi la concaténation de `"Bon"` et de `"jour"` vaut `"Bonjour"`.
- Pour convertir un entier en le caractère dont il est le code ASCII[*], lorsque cela est possible, la fonction `chr` renvoie le symbole correspondant. Par exemple, le code `chr(97)` vaut `'a'` et `chr(122)` vaut `'z'`, mais le code `chr(123456789)` renvoie une erreur, car les valeurs des codes ASCII ne vont pas si loin.
- Il est en général indifférent d'utiliser les guillemets simples `'` ou doubles `"` pour encadrer une chaîne de caractères, comme dans les deux exemples ci-dessus.

Lecture de données dans un fichier

Dans de nombreuses énigmes, un fichier contenant les données de l'énigme est fourni en ligne (lien page VIII), afin d'éviter de recopier l'énoncé. Il est donc important de savoir lire ces données pour pouvoir les manipuler dans un programme en Python 3.

Le programme suivant permet de lire ligne par ligne et un par un les mots du fichier `f.txt`

[*] American Standard Code for Information Interchange

```
fichier = open('f.txt','r')
for line in fichier :
    for word in line.split() :
        print(word)
fichier.close()
```

Le programme suivant, quant à lui, permet de lire caractère par caractère le contenu du fichier `f.txt`

```
fichier=open('f.txt','r')
caractere=fichier.read(1)
while caractere :
    print(caractere)
    caractere=fichier.read(1)
fichier.close()
```

Listes

La liste vide est notée `[]`. Pour ajouter un élément `x` à la fin de la liste `L`, l'instruction `L.append(x)` est utilisée. Pour accéder au premier élément de la liste `L`, il faut écrire `L[0]`, car les indices des listes commencent à `0` en Python 3. Pour avoir le dernier élément de la liste il est possible d'écrire `L[-1]`.

```
L=[]
L.append(4)
L.append(5)
L.append(6)
print(L)              # [4, 5, 6]
print(L[1])           # 5
print(len(L))         # affiche 3, le nombre d'élements de la liste L
print(L[-1])          # affiche le dernier élement de la liste L
print(L[len(L) - 1])  # affiche le dernier élement de la liste L
```

Fonctions et passage de paramètres

Pour définir une fonction en Python 3, il faut utiliser le mot clef `def` suivi du nom de la fonction, par exemple `echange` dans l'exemple ci-dessous, puis des paramètres de la fonction, ici `x` et `y` entre parenthèses.

```
def echange(x,y):
    x=x+y
    y=x-y
    x=x-y
    return (x,y)

a=3
b=4
print(echange(3,b)) # affiche (4,3)
print(a,b)          # affiche 3 4
```

Les variables définies dans la fonction sont des variables dites *locales* et n'ont pas de lien avec les variables définies à l'extérieur de la fonction bien qu'elles puissent porter le même nom. Les variables locales n'existent qu'à l'intérieur de la fonction et des valeurs leur sont affectées lors de l'appel de la fonction. Dans l'exemple, `x` prend la valeur 3 et `y` la valeur du paramètre `y` soit 4.

En Python 3, les objets dits *non mutables*, comme les entiers et les chaînes de caractères, sont donc passés par valeurs dans les fonctions. Cela signifie que leur valeur ne peut pas être modifiée par la fonction.

En revanche, les objets dits *mutables*, comme les listes, sont passés par référence comme le montre l'exemple ci-dessous. Cela signifie que leur valeur peut être modifiée par la fonction.

```
def ajoutListe( liste ,x):
    liste .append(x)

L =[1,2,3]
print(L)          # [1, 2, 3]
ajoutListe(L,4)
print(L)          # [1, 2, 3, 4]
```

La modification faite sur la liste passée en paramètre est effective sur la liste définie en dehors de la fonction `ajoutListe`.

Bibliothèques

Dans Python 3, il est possible d'inclure des *bibliothèques*, en général thématiques, composées de fonctions déjà programmées. Pour cela, il faut indiquer le nom de la bibliothèque au début du programme, précédé du mot clé `import`. Par exemple, `import math` permet d'utiliser dans la suite du programme les fonctions mathématiques `math.exp(x)`, `math.sqrt(x)`, `math.cos(x)` ou `math.sin(x)`, qui calculent respectivement l'exponentielle, la racine carrée, le cosinus et le sinus d'un nombre `x`.

D'autres bibliothèques sont accessibles en Python 3 comme par exemple les bibliothèques `random` ou `time`. La bibliothèque `random` permet de générer des nombres aléatoires. Avec la commande `time()` de la bibliothèque `time`, il est possible de connaître l'heure et ainsi de mesurer par exemple la durée d'exécution d'un programme.

```
import time
import random

debut = time()                # donne l'heure courante
r = random.randint(10,100)    # tire  au hasard un entier entre 10 et 100
fin  = time()
duree = fin  - debut
```

Il est aussi possible d'ajouter des bibliothèques qui ne sont pas par défaut dans Python 3. Par exemple, pour installer la bibliothèque `turtle` nécessaire pour l'énigme 11, il est possible d'utiliser cette commande dans un terminal :

```
python3 -m pip install turtle
```

Par commodité, il est possible de renommer dans un programme Python 3 le nom d'une bibliothèque, comme la bibliothèque `numpy` qui est abrégée par `np` dans le programme ci-dessous.

```
import numpy as np

zeros = np.zeros ([10,10])       # construit une matrice de taille 10 x 10 remplie de 0
uns = np.ones([10,10])           # construit une matrice de taille 10 x 10 remplie de 1
t = np.linspace(3, 4, 11)        # construit une liste de 11 valeurs allant de 3 a 4
print(t)                         # [3. 3.1 3.2 3.3 3.4 3.5 3.6 3.7 3.8 3.9 4.]
```

Les principales fonctionnalités des bibliothèques requises pour résoudre les énigmes sont les suivantes : `pil` (énigme 5 page 18), `pycryptodome` (énigme 8 page 27), `turtle` (énigme 11 page 35) et `numpy` (énigme 13 page 42). Elles sont présentées dans des encadrés au fur et à mesure des besoins.

2

Les énigmes à résoudre

1 À ski ☆

67 104 97 113 117 101 32 103 233 110 233 114 97 116 105 111 110 32 97 32 115 111 110
32 112 104 105 108 111 115 111 112 104 101 44 32 233 99 114 105 118 97 105 110 32 111
117 32 97 114 116 105 115 116 101 32 113 117 105 32 115 97 105 115 105 116 32 101 116
10 105 110 99 97 114 110 101 32 108 39 105 109 97 103 105 110 97 105 114 101 32
100 117 32 109 111 109 101 110 116 46 32 73 108 32 97 114 114 105 118 101 32 113 117
101 32 99 101 115 32 112 104 105 108 111 115 111 112 104 101 115 32 115 111 105 101 110
116 10 114 101 99 111 110 110 117 115 32 100 101 32 108 101 117 114 32 118 105 118 97
110 116 44 32 109 97 105 115 32 108 101 32 112 108 117 115 32 115 111 117 118 101 110
116 32 105 108 32 102 97 117 116 32 97 116 116 101 110 100 114 101 32 113 117 101 32
108 97 10 112 97 116 105 110 101 32 100 117 32 116 101 109 112 115 32 102 97 115 115
101 32 115 111 110 32 101 102 102 101 116 46 32 81 117 101 32 99 101 116 116 101 32 114
101 99 111 110 110 97 105 115 115 97 110 99 101 32 115 111 105 116 10 105 109 109 233
100 105 97 116 101 32 111 117 32 100 105 102 102 233 114 233 101 44 32 117 110 101
32 233 112 111 113 117 101 32 101 115 116 32 109 97 114 113 117 233 101 32 112 97 114
32 99 101 115 32 104 111 109 109 101 115 32 113 117 105 10 101 120 112 114 105 109
101 110 116 32 108 101 117 114 115 32 105 100 233 97 117 120 44 32 100 97 110 115
32 108 101 115 32 109 117 114 109 117 114 101 115 32 100 39 117 110 32 112 111 232 109
101 32 111 117 32 100 97 110 115 32 108 101 10 103 114 111 110 100 101 109 101 110 116
32 100 39 117 110 32 109 111 117 118 101 109 101 110 116 32 112 111 108 105 116 105 113
117 101 46 32 78 111 116 114 101 32 103 233 110 233 114 97 116 105 111 110 32 97 32 117
110 10 112 104 105 108 111 115 111 112 104 101 46 32 67 101 32 110 39 101 115 116 32
110 105 32 117 110 32 97 114 116 105 115 116 101 32 110 105 32 117 110 32 233 99 114
105 118 97 105 110 46 32 67 39 101 115 116 32 117 110 10 105 110 102 111 114 109 97
116 105 99 105 101 110 46 10

Figure 1 – Texte à décoder.

Énigme 1 : *Après avoir compris la technique de codage utilisée, saurez-vous écrire un programme Python 3 permettant de décoder le texte de la figure 1?*

Solution page 65.

2 Cryptarithme ☆

Chaque lettre de l'opération ci-dessous représente un chiffre différent entre 0 et 9. Écrivez un programme permettant de déterminer la valeur de chaque lettre pour que l'opération soit correcte, sachant que les premiers chiffres de chaque nombre ne peuvent pas être nuls (autrement dit, `S`≠ 0 et `M`≠ 0).

```
   SEND
+  MORE
  -----
  MONEY
```

Énigme 2 : *Saurez-vous écrire un programme Python 3 qui permet de résoudre ce cryptarithme en trouvant la valeur de toutes les lettres de cette addition et d'en déduire un code secret, qui est le nombre correspondant à* `MONROE` *?*

Solution page 72.

Généricité

Il existe de nombreux autres cryptarithmes, en voici quelques-uns :

```
CHEVAL + VACHE = OISEAU
HUIT + HUIT = SEIZE
UN + UN + NEUF = ONZE
CINQ + CINQ + VINGT = TRENTE
```

Les trois derniers font partie d'une catégorie particulièrement appréciée des amateurs, les cryptarithmes arithmétiques, des opérations qui sont exactes aussi bien en lettres qu'en chiffres.
Malheureusement, le programme utilisé pour résoudre l'énigme ne peut pas résoudre d'autres cryptarithmes. Un algorithme ou un programme qui ne permet de répondre qu'à une seule question n'est pas très intéressant car il n'est pas *générique*. Ainsi, toute l'importance de l'algorithme d'addition appris à l'école tient au fait qu'il est complètement générique,

puisqu'il permet d'effectuer n'importe quelle addition, et pas seulement 12+30=42. Cependant, les algorithmes ou les programmes génériques sont en général plus sophistiqués que les algorithmes ou les programmes *ad hoc* qui ne permettent de répondre qu'à une seule question.

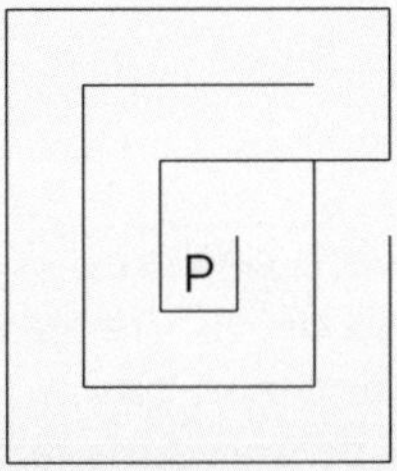

À titre d'exemple, un algorithme *ad hoc* permettant à Pierre (P) de sortir du labyrinthe de la figure ci-dessus pourrait être : avance d'un pas vers le nord, puis d'un pas vers l'est, ensuite de deux pas vers le sud, de deux pas vers l'ouest, etc. D'un autre côté, il existe de nombreux algorithmes permettant de sortir de n'importe quel labyrinthe, comme l'algorithme de Pledge, mais ils sont bien plus compliqués.
Saurez-vous écrire un algorithme plus générique pour résoudre des cryptarithmes ? Voici quelques indications :

- il faut déterminer le nombre d'inconnues, mais choisir leur nom n'est pas important ;
- il faut déterminer quelles inconnues doivent être regroupées pour former des nombres, et le coefficient (1, 10, 100, 1000, etc.) de chacune dans ces nombres ;
- il faut déterminer l'opération arithmétique à vérifier entre ces nombres, ce qui est crucial.

3 À vos spatules ☆

Un crêpier amateur fait souvent des crêpes inégales et forme des piles à sa guise. Face à une pile de crêpes de différentes tailles, il souhaite les ordonner par taille, en plaçant la plus grande en bas et la plus petite en haut de la pile. Pour cela, le seul instrument, comme dans la vraie vie, est une spatule qui se glisse sous une crêpe et permet de retourner la partie de la pile de crêpes qui se trouve au-dessus.

Énigme 3 : *Saurez-vous écrire un programme en Python 3 pour ordonner une pile quelconque de crêpes avec comme seul instrument la spatule ?*

Solution page 81.

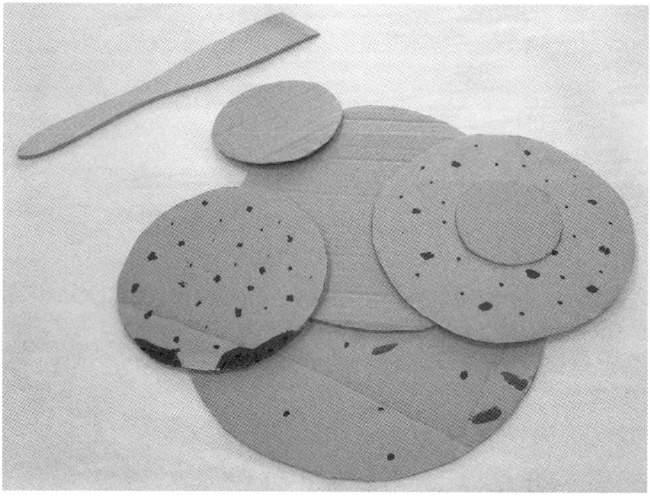

Figure 2 – Crêpes (en carton) et spatule.

Pourquoi trier ?

Classer des données est une activité qui depuis longtemps occupe de nombreuses administrations. Historiquement, le dépouillement des recensements aux USA a été l'une des premières tâches automatisées grâce à une machine. Répondant à un concours du gouvernement américain, Herman Hollerith réalise la première machine à statistiques en 1890. Cette machine trie automatiquement des cartes perforées. Par la suite, de grandes compagnies comme IBM * proposent plusieurs modèles, comme par exemple le modèle D3 qui pouvait trier 1000 cartes par minute (figure 3). La plupart de ces machines utilisent l'algorithme du tri radix, très efficace dans le cas particulier du tri des cartes perforées.

Ordonner, ranger, trier un nombre considérable de données sont des opérations fastidieuses pour un être humain, alors qu'un ordinateur est bien plus efficace dans ces tâches répétitives. Il existe de nombreuses manières de programmer un ordinateur pour trier des données. Les plus grands informaticiens se sont penchés sur la question, afin d'élaborer des algorithmes de tri les plus efficaces possibles, ou de prouver qu'il est impossible de les améliorer au-delà d'une certaine limite. De nos jours, les algorithmes de tri sont de plus en plus utilisés, à cause de l'explosion de la masse des données disponibles via Internet.

Figure 3 – Trieuse IBM D3 commercialisée en 1958.

* International Business Machines Corporation

4 Les Shadoks comptaient ☆

Pour compter les matins, les Shadoks ont un système de numération basé uniquement sur les syllabes suivantes : GA, BU, ZO et MEU.

Voici par exemple un nombre Shadok :

BU MEU ZO MEU GA GA

Énigme 4 : *Saurez-vous programmer un convertisseur des nombres Shadoks en nombres décimaux (ceux qui sont utilisés en France par les humains), pour découvrir quel est le nombre caché derrière ce nombre Shadok ?*

Solution page 90.

Shadoks

« Les Shadoks » est une série d'animation française humoristique, diffusée à la télévision pour la première fois à partir d'avril 1968. Poétique et loufoque, elle comporte quatre saisons et 208 épisodes de deux à trois minutes. Elle est créée par le scénariste Jacques Rouxel et le dessinateur Jean-Paul Couturier. La voix inoubliable du narrateur est celle du comédien Claude Piéplu. La figure 4 représente un Shadok tentant de remplir un verre avec le liquide contenu dans une bouteille de Klein, illustration légendée par un proverbe Shadok bien connu : « S'il n'y a pas de solution c'est qu'il n'y a pas de problème ». Cette maxime fait allusion à la célèbre citation attribuée à Albert Einstein « Un problème sans solution est un problème mal posé ».

Figure 4 – Shadok.

Pour sa part, le titre de l'énigme est une référence à l'activité principale des Shadoks : « Et les Shadoks pompaient... ».

Bouteille de Klein et ruban de Möbius

Une bouteille de Klein est une surface fermée, sans bord, non orientable. Elle n'a pas d'« intérieur » ni d'« extérieur ». Cette surface a été imaginée en 1882 par le mathématicien allemand Felix Klein. Il s'agit d'un objet mathématique abstrait qui ne peut pas exister dans l'espace ordinaire en trois dimensions (il est dit *non plongeable*). Les représentations en 2D ou en 3D, comme celle de la figure 5, montrent le col qui passe à travers le corps de la bouteille, alors qu'en réalité (si on peut dire), cela se passe dans la quatrième dimension, sans faire de trou dans le corps.

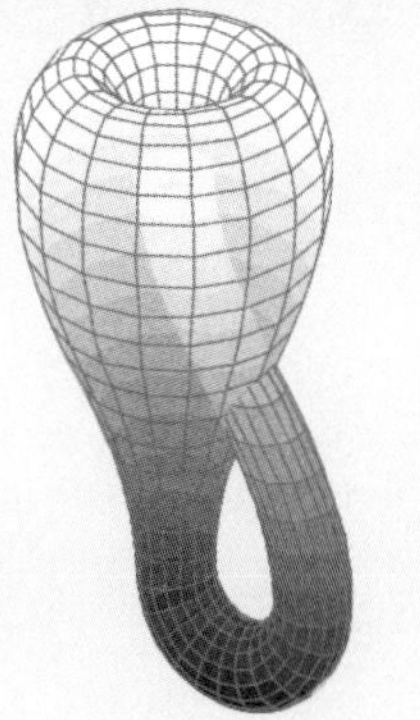

Figure 5 – Une bouteille de Klein.

Un objet du même type, mais plongeable dans l'espace en trois dimensions ordinaire, est le ruban de Möbius (voir Figure 6). En 1858, les mathématiciens August Ferdinand Möbius (1790-1868) et Johann Benedict Listing (1808-1882) l'ont imaginé indépendamment.

Techniquement, il s'agit d'une surface compacte dont le bord est homéomorphe à un cercle. Cette surface ne possède qu'une seule face contrairement à un ruban classique qui en possède deux. Du point de vue pratique, il est facile de fabriquer un ruban de Möbius à partir d'une bande de papier, en collant ses deux extrémités après leur avoir fait subir un demi-tour. Du point de vue mathématique, un ruban de Möbius est décrit par les équations suivantes :

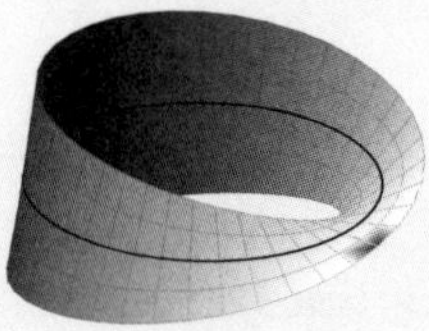

Figure 6 – Ruban de Möbius.

$$\begin{cases} x = (2 + v\cos(u))\cos(2u) \\ x = (2 + v\cos(u))\sin(2u) \\ z = v\sin u \end{cases}$$

En imaginant élargir un ruban de Möbius jusqu'à ce qu'il se referme sur lui-même (ce qui donne quelque peu le vertige), l'objet obtenu serait une bouteille de Klein. Le logo des matériaux recyclables, utilisé depuis 1970, rappelle le ruban de Möbius.

Figure 7 – Logo des matériaux recyclables.

5 La stéganographie ☆

Dans le fichier au format PNG contenant l'image de la Figure 8 – le logo de Python 3 (en couleurs dans le fichier à analyser) – se cache un texte secret.

Figure 8 – Logo de Python.

Énigme 5 : *Saurez-vous découvrir où est caché ce texte secret et écrire un programme permettant de le révéler ?*

Solution page 97.

Pixel

Une image numérique est composée de petits carrés appelés des pixels, comme une mosaïque. Par exemple, une image de taille 640 × 480 est composée de 640 pixels de large et 480 pixels de haut. Chaque pixel possède une couleur, représentée par un ou plusieurs nombres. Le mot « pixel » est l'abréviation de *PICture ELement*, qui signifie *élément d'image* en anglais. Les images peuvent être en noir et blanc, ou en niveaux de gris, ou en couleurs.

RGB *

*Red-Green-Blue

Le système de codage des couleurs RGB est un système dit *additif* en optique. Cela signifie qu'une couleur est définie comme la somme de trois composantes : rouge, vert, bleu, d'où son nom, RVB * en français et RGB en anglais. C'est le modèle choisi pour les écrans des ordinateurs.
La couleur d'un pixel est définie à l'aide de trois nombres compris entre `0` et `255` (ou 00000000 et 11111111 en binaire, ou `0` et `FF` en hexadécimal), chacun correspondant à 8 bits. Le premier nombre correspond à une proportion de rouge, le deuxième à une proportion de vert et le troisième à une proportion de bleu. Trois valeurs identiques correspondent à des gris plus ou moins clairs, du blanc jusqu'au noir. D'autres combinaisons forment d'autres couleurs.

Couleur	R	V	B
Rouge	255	0	0
Vert	0	255	0
Bleu	0	0	255
Jaune	255	255	0
Cyan	0	255	255
Magenta	255	0	255

Couleur	R	V	B
Noir	0	0	0
Gris foncé	50	50	50
Gris clair	200	200	200
Blanc	255	255	255

Au total, le système RGB permet de représenter 256^3 = 16 777 216 couleurs différentes, ce qui dépasse de loin les 500 000 couleurs environ que l'œil humain peut différencier dans le meilleur des cas.
Il existe d'autres systèmes de codage des couleurs, par exemple la quadrichromie, utilisée en imprimerie depuis le XVIIIe siècle. Cette dernière a été normalisée au début du XXe siècle sous le nom de CMYK # (ou CMJN † en français). Les couleurs sont celles obtenues en mélangeant des encres ou des peintures de couleurs : la couleur obtenue à partir du cyan et du jaune est du vert. Cette approche correspond à un système dit *soustractif* en optique.

*Rouge-Vert-Bleu
#Cyan, Magenta, Yellow, Key
†Cyan, Magenta, Jaune, Noir

PIL

La bibliothèque `PIL` * permet de manipuler des images en Python 3. Le programme ci-dessous permet d'afficher les valeurs numériques au format RGB des couleurs de chacun des pixels de l'image au format PNG dont le nom est `MonImage.png`.

```
from PIL import Image

png = Image.open("MonImage.png")
pixels = png.getdata()

for rgb in pixels :
    print(rgb[0],rgb [1], rgb[2],rgb[3])
```

Pour essayer ce programme, dans un premier temps, il vaut mieux choisir une image ayant très peu de pixels (au maximum quelques centaines), sinon le temps de traitement sera très long. L'élément `rgb[0]` de la liste `rgb` contient la valeur de la composante rouge (*red*) du pixel considéré de l'image, l'élément `rgb[1]` contient la valeur de la composante verte (*green*) du pixel, l'élément `rgb[2]` contient la valeur de la composante bleue (*blue*) du pixel, et enfin l'élément `rgb[3]` contient une information supplémentaire, qui est la valeur du niveau de transparence (appelé α, la lettre grecque qui se prononce « alpha ») du pixel.

* voici la commande pour installer cette bibliothèque : `pip install pillow`

6 Canaux cachés ☆

La fonction `checkpin` du programme ci-dessous permet de tester si le mot entré par l'utilisateur et contenu dans la variable `essai` correspond au code PIN secret `pin` saisi par l'utilisateur.

```
import time

global pin

def checkpin(essai):
    for i in range(len(pin)):
        time.sleep(1)
        if pin[i]!= essai[i]:
            return(False)
    return(True)

pin=input("Entrez un code PIN constitué de 6 chiffres entre 0 et 9 que l'ordinateur doit deviner : ")
```

Variable globale

En Python 3 le mot clé `global` permet de déclarer une variable globale. Le propre d'une variable *globale* est d'être accessible en lecture et écriture à partir de n'importe où dans un programme, il n'est pas nécessaire de la passer en paramètre d'une fonction. La terminologie a été choisie par opposition à une variable *locale*, qui n'est définie qu'à l'intérieur d'une fonction.

Il est conseillé, surtout aux débutants, de ne pas utiliser des variables globales, car cela rend plus difficile la compréhension du programme. Il est aussi délicat de contrôler quelles parties du programme les modifient et quand, ce qui rend la recherche d'erreurs compliquée.

Dans cette énigme, c'est un moyen qui permet d'utiliser la variable `pin` dans la fonction `checkpin` sans pour autant la passer en paramètre, ce qui contredirait la consigne « le programme ne peut pas accéder à la variable `pin` ».

Énigme 6 : *Saurez-vous écrire un programme en Python 3 permettant à votre ordinateur de découvrir à coup sûr en moins de trois minutes le code PIN secret saisi par l'utilisateur ?*

Attention, les contraintes à respecter sont les suivantes : le programme ne peut pas accéder à la variable `pin`, *et il doit se servir de la fonction* `checkpin`.

Solution page 104.

Code PIN

Le code PIN vient de l'anglais *Personal Identification Number*. Il a été proposé en 1967 avec les premiers distributeurs automatiques de billets. Ceux-ci permettaient de donner des billets contre des chèques. C'est en 1972 que la Lloyds Bank a mis en place le premier distributeur avec des cartes magnétiques qui utilisaient des codes PIN. Il s'agit d'un code confidentiel qui est, en général, constitué d'au moins 4 chiffres. Ces codes sont utilisés pour authentifier le titulaire d'une carte bancaire, ou pour déverrouiller les cartes SIM d'un téléphone ou d'une carte à puce. C'est James Goodfellow qui a inventé le premier code PIN.

La spécificité de ces codes par rapport aux mots de passe est qu'ils ne sont constitués que des chiffres entre 0 et 9. Le nombre de combinaisons possibles pour former un code PIN est donc limité. Pour éviter les attaques par brute force les systèmes limitent souvent le nombre d'essais avant de bloquer l'utilisation en cas d'un trop grand nombre d'erreurs.

Les codes PIN sont plus faibles que les mots de passe qui eux ont un plus large choix de caractères possibles. Il est donc important que les mots de passe soient longs et utilisent des caractères diversifiés afin d'éviter qu'ils ne soient devinés par recherche exhaustive par un attaquant.

7 Coloriage à deux couleurs ☆☆

Un graphe est un objet mathématique composé d'un ensemble de sommets et d'un ensemble d'arêtes reliant certaines paires de sommets. Sur le graphe ci-dessous, les cercles représentent les sommets et les traits correspondent à ses arêtes. Deux sommets reliés par une arête sont appelés des voisins.

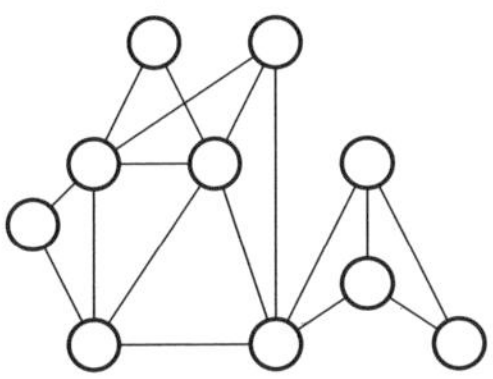

Colorier un graphe consiste à attribuer une couleur (bleu, rouge, vert, etc.) à chacun de ses sommets de telle sorte que deux sommets voisins ne soient jamais de la même couleur. Si le nombre de couleurs à disposition est suffisamment grand (par exemple aussi grand que le nombre de sommets du graphe à colorier), c'est évidemment très facile. Mais si le nombre de couleurs est limité (par exemple trois couleurs), le problème devient plus compliqué, et dans certains cas impossible. Vous pouvez facilement dessiner un graphe possédant quatre sommets et six arêtes qui n'est pas 3-coloriable.

Dans le cas général, la question de la k-colorabilité consiste à déterminer, pour n'importe quel graphe, s'il est ou pas coloriable avec k couleurs. Comme souvent en informatique, il existe un algorithme, appelé *recherche exhaustive*, inapplicable en pratique, car trop long à mettre en œuvre dès que les graphes sont un peu grands, mais parfaitement valide en théorie, qui consiste à essayer un par un tous les k-coloriages possibles pour voir si l'un d'entre eux convient. Pour $k \geq 3$, la question de l'existence d'un algorithme de k-coloriage efficace en pratique fait partie de la classe des problèmes ouverts les plus connus en informatique, qu'on appelle les problèmes NP-complets.

Dans cette énigme, nous vous proposons de traiter le cas plus simple de la 2-colorabilité, pour lequel il existe un algorithme efficace et pas très compliqué.

Énigme 7 : *Saurez-vous écrire un programme en Python 3 qui détermine si un graphe quelconque donné en entrée est 2-coloriable ? Vous pourrez ensuite tester votre programme sur le graphe ci-dessus et sur le graphe ci-dessous.*

Solution page 107.

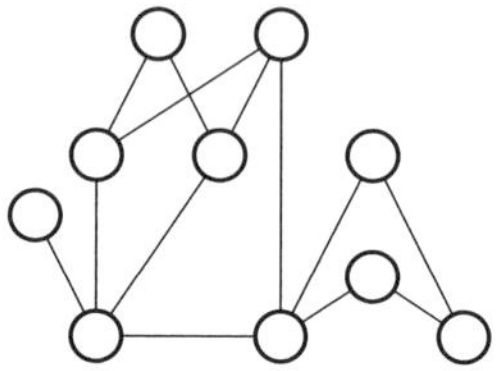

Modélisation informatique d'un graphe

Contrairement à un être humain, un programme ne peut pas directement travailler sur un schéma. La première étape du travail consiste donc à définir une modélisation informatique de la notion de graphe. Les deux possibilités les plus courantes sont présentées ci-dessous.
Un graphe peut être représenté par sa matrice de voisinage ou bien par la liste des sommets et de leurs voisins. Par exemple, le graphe ci-dessous peut être représenté par la matrice de voisinage A suivante :

$$A = \begin{pmatrix} 0 & 1 & 0 & 1 \\ 1 & 0 & 1 & 0 \\ 0 & 1 & 0 & 1 \\ 1 & 0 & 1 & 0 \end{pmatrix}$$

Un 0 à la position i, j dans la matrice A signifie qu'il n'y a pas d'arête entre le sommet i et le sommet j. Un 1 signifie qu'il y a une arête entre les sommets i et j. Ainsi, le 1 en troisième ligne et deuxième colonne représente l'arête reliant les sommets 3 et 2. C'est aussi le cas du 1 en deuxième ligne et troisième colonne.
Une seconde méthode pour modéliser un graphe consiste à donner, pour chaque sommet, la liste de ses voisins. Le graphe ci-contre se modélise par $(1, (2, 4))$, $(2, (1, 3))$, $(3, (2, 4))$, $(4, (1, 3))$. Ainsi, $(2, (1, 3))$ signifie que les voisins du sommet 2 sont les sommets 1 et 3. Selon la modélisation choisie, un même algorithme donnera lieu à des programmes différents. Dans certains cas, il est préférable de choisir l'une ou l'autre des possibilités, mais parfois les deux conviennent aussi bien.

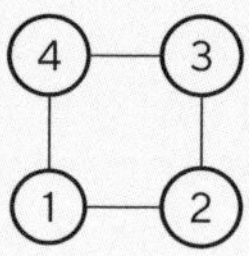

À quoi servent les graphes ?

Les graphes sont des structures de données omniprésentes en informatique, et servent à modéliser de nombreuses situations réelles, pour pouvoir appliquer des algorithmes standardisés permettant de répondre à des problèmes récurrents. Voici quelques exemples :

- Un réseau de routes ou de voies ferrées (les sommets sont les carrefours et les arêtes sont les voies de circulation), dans le but de déterminer le plus court chemin pour aller d'un point à un autre, comme le font les GPS.
- Les réseaux de télécommunication sont aussi représentés par des graphes, pour déterminer les meilleures routes pour la transmission des paquets de données numériques.
- Les connexions entre les différentes pages web d'Internet forment des graphes avec des milliards de sommets (les pages web) et arêtes (les hyperliens). Leur connaissance est un enjeu vital pour de nombreuses compagnies, et le simple fait de savoir comment les représenter constitue un sujet de recherche à part entière.
- Un autre problème qui utilise des graphes est le célèbre problème du *voyageur de commerce* : étant donné une carte routière et un ensemble de destinations, le problème est de trouver un circuit qui visite chaque destination exactement une seule fois, en minimisant bien entendu le coût du voyage.
- D'autres graphes modélisent des liaisons entre les différents composants d'un circuit imprimé, l'objectif étant de minimiser la taille du circuit tout en assurant que les liaisons ne se croisent pas.

À quoi sert le coloriage des graphes ?

Comme souvent en algorithmique des graphes, la question du k-coloriage, malgré son apparence futile, correspond en réalité à une abstraction permettant de répondre à toute une famille de problèmes concrets, dont voici quelques exemples.

- En géographie, une question classique est de savoir combien il faut de couleurs au minimum pour colorier tous les pays d'une carte en assurant que deux pays voisins aient des couleurs différentes. Ce problème, connu sous le nom du « problème des quatre couleurs » (quatre était la valeur minimale conjecturée, mais non prouvée), fut posé en 1850 par Francis Guthrie, puis transmis à Augustus De Morgan, toujours en 1850, puis à Arthur Cayley qui le posa en 1878 à la *London Mathematical Society*.

La modélisation sous forme de graphe consiste à représenter chaque pays comme un sommet et une frontière entre deux pays comme une arête entre les deux sommets correspondants. Ainsi, le problème des quatre couleurs devient un problème de 4-coloriage d'un type de graphes particuliers, ceux représentant une carte de géographie. Il a fallu attendre 1976 pour qu'une première preuve du *theorème des quatre couleurs* assistée par ordinateur soit proposée par Appel et Haken. Et en 1995, une preuve vérifiée par ordinateur a été proposée par Robertson, Sander, Seymour et Thomas.

- Le coloriage de graphe apparaît aussi naturellement dans l'ordonnancement de tâches. Dans ce problème, il faut affecter des tâches d'une certaine durée à des ouvriers. L'objectif est de minimiser le nombre d'ouvriers. Il peut aussi s'agir d'affecter des processus à des processeurs, en minimisant le nombre de processeurs utilisés. Il est possible de se ramener à une question de coloriage de graphe : une tâche est représentée par un sommet, une arête entre deux sommets signifie que les deux tâches correspondantes ne peuvent pas être effectuées en même temps, et les couleurs correspondent aux différents ouvriers. Un problème similaire est l'affectation de salles pour des cours à l'emploi du temps d'un établissement scolaire. Il se modélise aussi en se ramenant à un coloriage de graphes.
- Un dernier exemple est la mise en place des fréquences pour les téléphones portables afin d'éviter les interférences, selon les positions des utilisateurs. Il se résout par le calcul d'un coloriage du graphe correspondant (les utilisateurs sont les sommets, avec des arêtes en cas de risque d'interférence, et les fréquences sont les couleurs). Dans ce cas particulier, une différence notable est que le graphe change tout le temps, puisque les utilisateurs se déplacent, ce qui entraîne un recalcul permanent des solutions.

8 Vote électronique ☆☆

Pour un référendum pour la région de Clermont-Ferrand, le ministère des élections en ligne a décidé d'assurer la confidentialité des choix des participants en utilisant le célèbre chiffrement RSA [#], réputé inviolable. Pour cela, la clé publique *pk* de chiffrement du serveur de vote est transmise à chaque électeur. Les participants peuvent voter "OUI", "NON" ou "BLANC". Ils doivent envoyer leur vote chiffré avec cette clé au serveur du ministère. Le vote chiffré d'Alice a été intercepté et vaut : 229446820549265. Sachant que la clé *pk* vaut :

$$(e, n) = (806689751207077, 881856821380357)$$

L'encodage choisi pour transformer un texte en un nombre fonctionne comme suit : il faut représenter chaque lettre par une chaîne de caractères composée de trois chiffres en code ASCII donné page 54, puis concaténer ces chaînes, et enfin prendre l'entier ainsi obtenu. Par exemple, l'encodage du mot `Python` est d'abord 080 121 116 104 111 110, ce qui donne l'entier 80121116104111110. Pour les codes ASCII à deux chiffres apparaissant à l'intérieur du texte, comme le deuxième `P` de `PyPhon`, il est indispensable de laisser le 0 à gauche du deuxième chiffre pour pouvoir décoder le résultat : 080 121 116 104 111 110 donne le nombre 80121116104111110.

Énigme 8 : *Saurez-vous écrire un programme permettant de découvrir le vote d'Alice ?*

Solution page 113.

Arithmétique modulaire

En arithmétique, les nombres manipulés sont uniquement des entiers. Les nombres fractionnaires ou à virgule n'existent tout simplement pas.

[#] Rivest Shamir Adelman

En arithmétique *modulaire*, il faut d'abord se mettre d'accord sur un nombre entier n, qui s'appelle le *module*, et faire tous les calculs arithmétiques *modulo n*. Cela signifie que les résultats sont systématiquement ramenés dans l'intervalle $[0; n-1]$, qui se note $\mathbb{Z}/n\mathbb{Z}$, en enlevant ou en ajoutant n autant de fois que nécessaire, comme illustré sur le schéma ci-dessous avec $n = 11$.

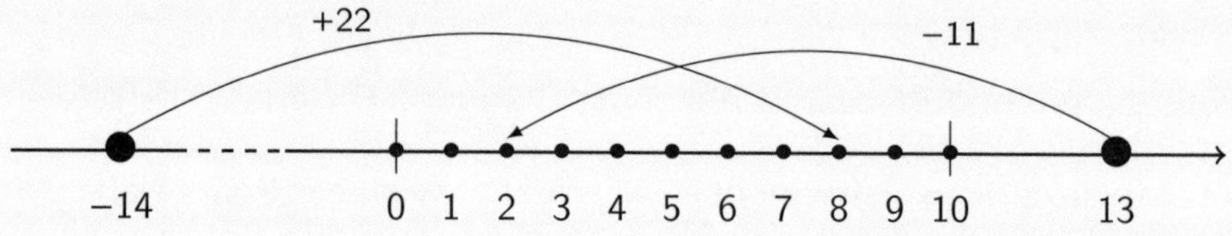

De façon équivalente, il s'agit de remplacer les nombres par leur reste dans la division euclidienne par n, qui est forcément un entier appartenant à l'intervalle $[0; n-1]$.
Cette opération de modulo, qui se note $\mod n$, est compatible avec les opérations arithmétiques + et ×, c'est-à-dire qu'il est possible de se ramener dans $\mathbb{Z}/n\mathbb{Z}$ à n'importe quel moment dans un calcul combinant ces deux opérations. Ainsi, les nombres manipulés ne sont pas arbitrairement grands. Ça change des maths ordinaires et reste assez facile. Cependant, le domaine mathématique associé est immense et de nombreux aspects dépassent le cadre de cet ouvrage.

Les calculs de **RSA**

Pour générer une paire de clés RSA, il faut d'abord choisir p et q, deux nombres premiers distincts et calculer leur produit $n = p \times q$, appelé *module de chiffrement*. Ensuite, il faut calculer $\Phi(n) = (p-1) \times (q-1)$ qui est appellé l'*indicatrice d'Euler* de n, une notion inventée par le mathématicien suisse Leonhard Euler (1707-1783). Il reste alors à choisir un entier naturel e premier avec $\Phi(n)$ * et strictement inférieur à $\Phi(n)$. La clé publique RSA est composée de n et de e.
La clé secrète associée est l'entier naturel d, inverse de $e \mod \Phi(n)$ #, lui aussi strictement inférieur à $\Phi(n)$. Le calcul de d est réalisable efficacement en utilisant l'algorithme d'Euclide étendu.

Le message M doit être strictement inférieur au module n. En effet, les calculs de chiffrement et de déchiffrement s'effectuant modulo n, le message déchiffré est un entier strictement inférieur au module n. Si ce n'est pas le cas du message clair M, il ne pourra pas être retrouvé intact.
Le chiffrement de M avec la clé publique (n, e) s'effectue en calculant $C = M^e \mod n$. Ensuite, pour déchiffrer C avec la clé secrète d, il faut effectuer le calcul $M = C^d \mod n$.
La preuve que le message initial M est bien le résultat de l'opération de déchiffrement repose sur une propriété d'arithmétique modulaire qui remonte au XVIIe siècle, appelée le petit théorème de Fermat et démontrée par Pierre de Fermat (1607-1685). Les opérations de chiffrement et de déchiffrement de RSA utilisent l'élévation à une puissance, et les nombres impliqués sont très grands, il est donc important que cette opération soit rapide. Il existe pour cela un algorithme très efficace appelé l'algorithme d'exponentielle rapide.

---

* Deux entiers sont *premiers entre eux* lorsque leur unique diviseur commun est 1. Par exemple 15 et 28 sont premiers entre eux, mais 15 et 21 ne le sont pas.

Deux entiers a et b sont *inverses l'un de l'autre* modulo n lorsque leur produit est égal à 1 modulo n, c'est-à-dire $a \times b = 1 \mod n$. Par exemple, 3 et 9 sont inverses l'un de l'autre modulo 26, car $3 \times 9 = 27 = 1 \mod 26$. Le nombre a possède un inverse modulo n si et seulement si a et n sont premiers entre eux.

La sécurité de RSA

Comme la clé publique est constituée de e et n, il est possible de découvrir les nombres premiers p et q en factorisant le module $n = p \times q$. À partir de là, les calculs de $\Phi(n) = (p-1)(q-1)$, puis de la clé secrète d, inverse de e modulo $\Phi(n)$, sont rapides. Ainsi, la sécurité du chiffrement RSA repose sur le fait qu'il n'existe pas encore d'algorithme permettant de factoriser efficacement des produits de grands nombres premiers.
Avec l'augmentation de la rapidité des processeurs au cours du temps, des nombres premiers de plus en plus grands sont nécessaires pour assurer la sécurité du chiffrement RSA. Ainsi, la longueur des clés RSA préconisée en 2020 par le NIST * et l'ANSSI # est au minimum de 2 048 bits et une taille de 4 096 bits est fortement recommandée.
Jusqu'en 2004, la loi française en matière d'utilisation de la cryptographie était très restrictive. Ainsi, en 1999, un décret permet l'utilisation

de clés de 128 bits, la taille utilisée couramment à cette époque, mais l'utilisation de clés plus longues reste fortement limitée. Fort heureusement, la *loi pour la confiance dans l'économie numérique* de 2004 a tout changé, puisque son article 30 stipule : « l'utilisation des moyens de cryptologie est libre ». C'est en particulier l'essor du commerce en ligne qui a fait évoluer la législation.

Il faut enfin savoir que l'arrivée de l'ordinateur quantique, si elle se concrétise, mettra fin à la sécurité du chiffrement RSA. En effet, l'algorithme de Shor, inventé en 1994 par Peter Willinston Shor (1959-), bien avant la réalisation du premier ordinateur quantique, permet de factoriser très rapidement le produit de deux nombres premiers, même très grands. Autrement dit, cet algorithme quantique rend possible de retrouver la clé secrète du chiffrement RSA à partir de la clé publique. Il permet aussi de casser les chiffrements basés sur le logarithme discret, comme le chiffrement d'ElGamal.

---

* National Institute of Standards and Technology

♯ Agence nationale de la sécurité des systèmes d'information

Cryptographie asymétrique et problèmes difficiles

En informatique, un problème difficile est un problème qui ne peut pas être résolu dans un temps raisonnable, en tenant compte de la puissance de calcul actuelle des ordinateurs, lorsque les paramètres sont suffisamment grands. En cryptographie, les paramètres de sécurité correspondent par exemple au nombre de bits de la clé. Dans ce contexte, ce qui rend un problème *difficile*, c'est seulement le fait de ne pas connaître d'algorithme efficace pour le résoudre.

Dans un chiffrement asymétrique, il existe un lien mathématique entre la clé publique de chiffrement et la clé privée de déchiffrement. Cependant, il est essentiel pour la sécurité que la clé privée ne puisse pas être déduite à partir de la clé publique connue de tous. Autrement dit, si le calcul du message chiffré avec la clé publique doit être facile, il est nécessaire que le calcul du message clair, sans la clé privée, et uniquement à partir du message chiffré (et de la clé publique), soit difficile.

9 Bitcoin ☆☆

Bitcoin a été inventée en 2009 par Satoshi Nakamoto. Il s'agit de la première cryptomonnaie décentralisée, c'est-à dire que c'est une monnaie qui utilise des primitives cryptographiques pour assurer sa sécurité et qui se passe d'une autorité centrale.

Pour qu'un paiement en bitcoins entre deux individus puisse être fait, il faut que des personnes, volontaires pour jouer le rôle de la banque, et appelées des *mineurs*, résolvent une sorte de casse-tête mathématique appelé *objectif de hachage* : trouver un nombre entier n tel que le résultat du calcul d'une certaine fonction de hachage H, à partir de cette valeur n et des informations de la transaction, possède une certaine propriété.

Dans cette énigme, la fonction de hachage utilisée est le standard SHA *, plus précisément SHA-256. La validation d'une transaction, représentée ici par un montant m transmis par x à y, nécessite la connaissance du haché de la transaction précédente, noté p. Il y a d'autres paramètres importants, comme la date, qui, pour simplifier, seront ignorés dans cette énigme. Enfin, l'objectif de hachage est de trouver un entier n tel que :

$$H(H(xympn)) \text{ soit plus petit que } 2^{250}$$

La fonction de hachage SHA-256 prend en entrée une chaîne de caractères, il faut donc concaténer les valeurs des variables $xympn$ avant de les hacher.

Énigme 9 : *Alice (x = A) paye à Bob (y = B) 5 bitcoins (m = 5). Sachant que p vaut 42, saurez-vous calculer le plus petit entier n permettant la validation de cette transaction entre Alice et Bob ?*

Solution page 118.

* Secure Hash Algorithm

Fonction de hachage cryptographique

Une fonction de hachage cryptographique H est une fonction qui prend en entrée n'importe quelle séquence de bits de n'importe quelle longueur, et qui renvoie une séquence de bits de taille fixe, par exemple 256 bits pour la fonction SHA-256, ce qui peut se représenter par :
$H : \{0,1\}^* \rightarrow \{0,1\}^{256}$ où l'ensemble de toutes les séquences de bits est notée $\{0,1\}^*$. La sortie d'une fonction de hachage est appelée une *empreinte* ou un *haché*. En Python 3, la bibliothèque `Crypto.Hash` permet d'utiliser la fonction SHA-256 avec la ligne de commande suivante :

```
from Crypto.Hash import SHA256
h = SHA256.new()          # initialise  h comme une empreinte avec SHA-256
m = 'BONJOUR'
h.update(m.encode('UTF-8'))
hache = h.hexdigest()
print(hache)              #
```

Pour cela, il faut installer `pycryptodome` avec la commande `python3 -m pip install pycryptodome==3.4.3` En cryptographie, il est important que cette fonction soit résistante aux collisions, cela signifie que la probabilité de trouver deux messages distincts x et x' qui ont le même haché $H(x) = H(x')$ doit être négligeable.
En 2012, le NIST a standardisé la fonction de hachage appelée Keccak qui est devenue le nouveau standard, appelé SHA-3.

10 Syracuse ☆☆

Une suite de Syracuse est définie par récurrence à partir d'un entier de départ $u_0 \geq 1$ et telle que, pour tout $n \geq 0$:

$$u_{n+1} = \begin{cases} \dfrac{u_n}{2}, & \text{si } u_n \text{ est pair} \\ 3u_n + 1, & \text{si } u_n \text{ est impair} \end{cases}$$

Autrement dit, quand le nombre est pair, il faut le diviser par deux, et quand il est impair, il faut le multiplier par trois et lui ajouter un. Le résultat est encore un nombre entier, sur lequel il faut répéter la procédure.

Par exemple, en partant de $u_0 = 7$, les valeurs suivantes sont $u_1 = 22$, $u_2 = 11$, $u_3 = 34$, $u_4 = 17$, $u_5 = 52$, $u_6 = 26$, $u_7 = 13$, $u_8 = 40$, $u_9 = 20$, $u_{10} = 10$, $u_{11} = 5$, $u_{12} = 16$, $u_{13} = 8$, $u_{14} = 4$, $u_{15} = 2$, $u_{16} = 1$, $u_{17} = 4$, $u_{18} = 2$, $u_{19} = 1$, $u_{20} = 4$, etc. Le calcul peut se poursuivre, mais les valeurs sont devenues périodiques, et le cycle 4 - 2 - 1 se répète indéfiniment.

En faisant varier la valeur de départ u_0, la suite des valeurs obtenues est bien entendu différente.

Le *temps de vol* d'un entier u_0 est le nombre n d'étapes du calcul pour arriver pour la première fois à $u_n = 1$. Les valeurs suivantes sont alors toujours périodiques, selon le cycle 1 - 4 - 2. Ainsi, le temps de vol de 7 est 16.

L'*altitude maximale* d'un entier est le plus grand nombre obtenu pendant son vol. Ainsi, l'altitude maximale de 7 est 52.

Il n'y a pas de méthode générale pour déterminer à l'avance le temps de vol et l'altitude maximale d'un entier. Ainsi, la durée de vol pour 77 671 est de 231 et son altitude maximale est de 1 570 824 736. De même, la suite qui débute avec le nombre 2 361 235 441 021 745 907 775 a pour durée de vol 2 284.

Énigme 10 : *Saurez-vous écrire un programme Python 3 permettant de calculer le plus petit entier dont le temps de vol est supérieur à 100 ?*

Solution page 123.

Conjecture de Syracuse

Bien que la définition des suites de Syracuse soit très simple, il n'existe à ce jour (en 2021) aucune preuve mathématique que la suite qui débute avec n'importe quelle valeur finit toujours par arriver à 1 au bout d'un certain temps, ni même qu'elle aboutit forcément à un cycle (peut-être différent de 1 - 4 - 2). La réponse est tout simplement inconnue, c'est ce qui s'appelle un *problème ouvert*.

Depuis 1928, date à laquelle les suites de Syracuse ont été étudiées pour la première fois par le mathématicien allemand Lothar Collatz, les très nombreux points de départ qui ont été testés ont toujours donné une suite aboutissant à la valeur 1, c'est-à-dire avec un temps de vol fini. La *conjecture de Syracuse* affirme donc que c'est le cas pour n'importe quel point de départ, car c'est le plus probable. Cette conjecture deviendra peut-être un jour un théorème, si quelqu'un arrive à la démontrer. À moins qu'au contraire, quelqu'un ne démontre un jour qu'il existe des entiers dont le temps de vol est infini.

La conjecture de Syracuse est aussi connue sous les noms de conjecture de Collatz, conjecture d'Ulam, problème de Kakutani, conjecture de Thwaites, algorithme de Hasse, ou encore problème $3n + 1$.

Le nom de suite de Syracuse ne fait pas référence à la ville antique de Syracuse en Sicile, ni à la ville moderne située au même endroit, mais à l'Université de Syracuse, aux États-Unis, à partir d'où elle a été popularisée parmi les mathématiciens dans les années 1950.

11 Courbes de Bézier ☆☆

Les courbes de Bézier, inventées par Pierre Bézier, servent pour l'encodage des images vectorielles et sont utilisées en CAO [♮], en synthèse d'image et pour le rendu des polices de caractères. La définition mathématique de ces courbes fait appel à des polynômes particuliers appelés «*polynômes de Bernstein*». Les plus utilisées sont celles qui correspondent à des polynômes de degré 3, mais ce ne sont pas celles présentées ici, par souci de simplicité. Les courbes de Bézier utilisées ici sont dites «quadratiques» (elles sont définies par des polynômes de degré 2) et sont définies par trois paramètres, appelés «points de contrôle» : le point de départ A, le point d'arrivée C et un point auxiliaire B.

À partir des trois points A, B et C, l'objectif est de construire une courbe allant du point A au point C et qui soit tangente aux droites (AB) et (BC). Pour comprendre la forme d'une telle courbe, il faut imaginer entre les points A et C un fil de métal souple, qui est attiré par l'aimant qu'est le point de contrôle B. Plus une partie du fil se trouve près de l'aimant, plus elle est attirée et se déforme (voir la figure ci-dessous à droite).

L'algorithme de construction géométrique des courbes de Bézier présenté dans cette énigme se généralise à des courbes de degré supérieur.

Pour construire la courbe de Bézier de points de contrôle A, B et C, il suffit, pour commencer, de remplacer la ligne brisée ABC par les deux lignes brisées ADF et FEC où :

- D est le milieu de [AB]
- E est le milieu de [BC]
- F est le milieu de [DE]

Il faut noter que D et E sont des points auxiliaires, tandis que F est un point de la courbe finale (voir la figure ci-dessous à gauche).

[♮] Conception assistée par ordinateur

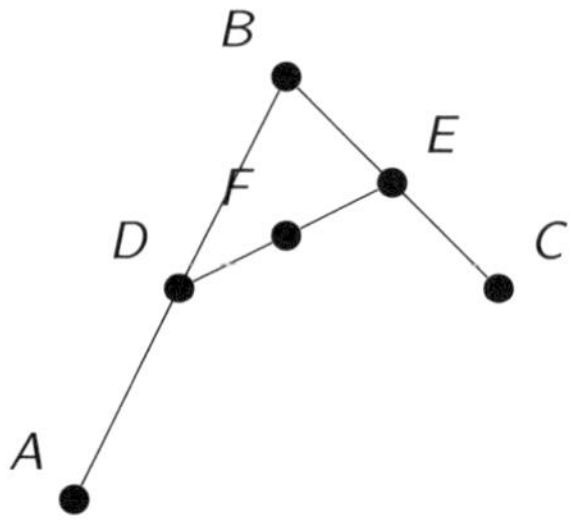

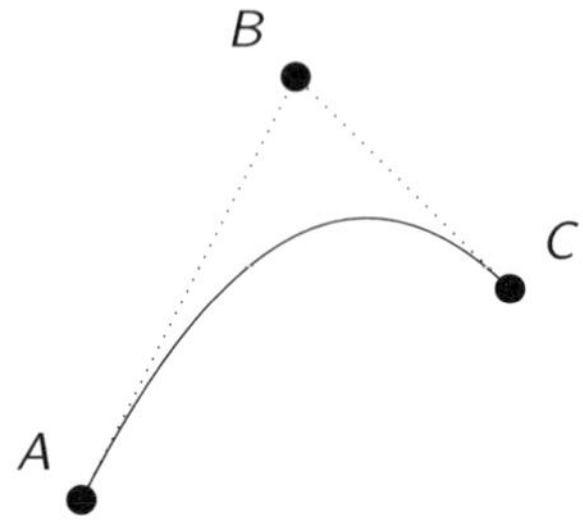

Il faut ensuite recommencer le processus sur les deux nouvelles lignes brisées construites ADF et FEC. Après de nombreuses itérations, le résultat est une courbe lisse, passant par A et C et tangente aux droites (AB) et (BC) (voir la figure ci-dessus à droite). Dans la pratique, il suffit de quelques itérations pour avoir une approximation satisfaisante, comme le montrent les figures ci-dessous, obtenues avec 2, puis 3 itérations.

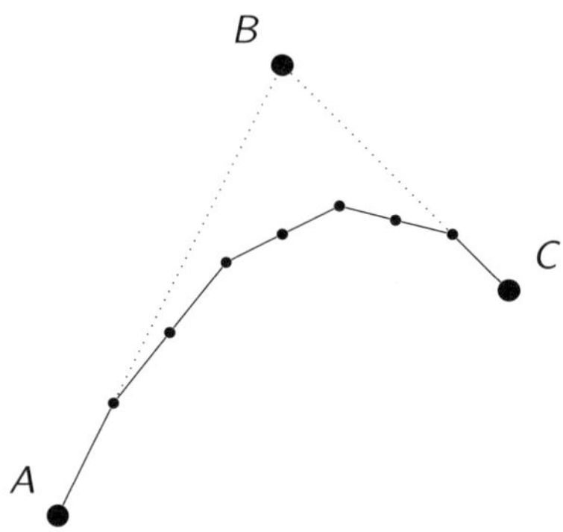

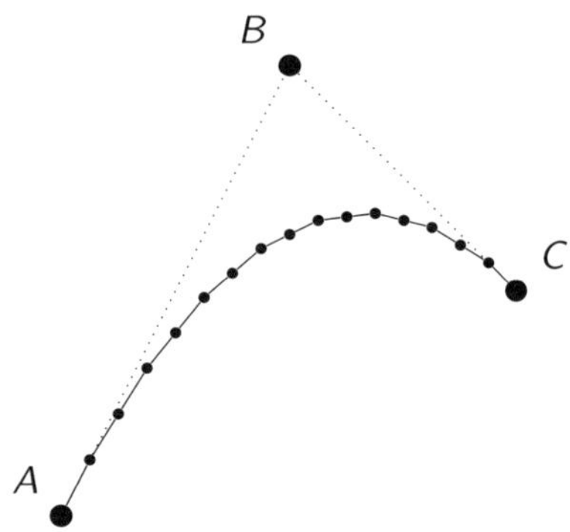

Énigme 11 : *Avec la bibliothèque* `turtle`*, saurez-vous écrire un programme permettant de tracer des courbes de Bézier quadratiques à partir de la donnée des trois points de contrôle ? Les triplets de points ci-dessous vous permettront alors de résoudre l'énigme.*

- $A_1 = (40; 80)$, $B_1 = (0; 10)$, $C_1 = (60; 30)$
- $A_2 = (30; 0)$, $B_2 = (40; 30)$, $C_2 = (50; 60)$
- $A_3 = (70; 60)$, $B_3 = (100; 80)$, $C_3 = (80; 40)$
- $A_4 = (80; 40)$, $B_4 = (70; 20)$, $C_4 = (100; 30)$

Solution page 135.

La bibliothèque `turtle` de Python 3

Le langage Python 3 possède une bibliothèque à vocation pédagogique appelée `turtle`. La documentation de la bibliothèque se trouve ici : `https://docs.python.org/fr/3/library/turtle.html`.

Comme toute bibliothèque Python 3, les lignes `import turtle` ou `from turtle import *` en début de programme permettent de l'utiliser. Pour sa partie graphique, de façon transparente pour l'utilisateur, elle fait appel à la bibliothèque `tkinter`, qu'il faudra peut-être installer sur votre ordinateur.

Les commandes fournies par cette bibliothèque ont pour objectif de contrôler sur l'écran un objet appelé "tortue", qui permet de dessiner dans une fenêtre graphique.

Pour déplacer la tortue et dessiner avec, les commandes suivantes sont disponibles :

- `forward()` permet d'avancer d'une distance donnée;
- `backward()` permet de reculer d'une distance donnée;
- `right()` permet de tourner à droite d'un angle en degrés;
- `left()` permet de tourner à gauche d'un angle en degrés;
- `goto()` permet d'aller à une position définie par deux coordonnées (le point (0;0) est au centre de la fenêtre graphique);
- `pendown()` abaisse le stylo en position d'écriture;
- `penup()` lève le stylo;
- `clear()` efface tout ce qui est dessiné.

Il existe beaucoup d'autres commandes, mais les huit qui sont listées ci-dessus permettent de réaliser de nombreuses figures.

Le programme 1 montre un exemple simple d'utilisation de la bibliothèque `turtle` de Python 3. Ce programme déplace la tortue, avec le stylo en position haute, au point (0;0), abaisse le stylo, puis déplace la tortue jusqu'à la position (100;200) et relève le stylo.

Programme 1 – Exemple d'utilisation de la bibliothèque `turtle`.

```
from turtle import *

penup()
goto(0,0)
pendown()
```

```
goto(100,200)
penup()

mainloop()
```

La figure ci-dessous montre le résultat obtenu : le tracé du segment entre les points de coordonnées (0;0) et (100;200). Le triangle noir est le pointeur de la tortue.

La tortue LOGO

Le nom de la bibliothèque `turtle` vient de la "tortue logo", un véritable robot piloté à l'aide du langage LOGO, un célèbre langage de programmation éducatif inventé par Wally Feurzeig et Seymour Papert en 1967 au MIT*. En effet, les instructions offertes par cette bibliothèque sont proches de celles du LOGO.

La tortue LOGO originelle a été utilisée dans certaines écoles dans les années 1970 et 1980. Il est à noter que le rôle de la tortue était aussi parfois joué par un enfant (ou un adulte) à quatre pattes, dans une démarche annonciatrice du courant de l'informatique débranchée, formalisé au début des années 2000 par Tim Bell et ses collègues en Nouvelle-Zélande (voir `https://csunplugged.org/fr/`).

* Massachusetts Institute of Technology

12 Au temps des Grecs ☆☆

```
Àisnc e dotnd motojmr n'ettna oeisorr iut t tojà !ore
rt rDt,dao oinàjnsc 'no,daan eii.js s ' m Oagetnveso
an rnisrtes a qiàsrus aaiodii netspss or, jné ga
tqem !euna nesiPd saajq rieuq e iucnn ioteo n nasadt évo
rqontauinoierersn totrp.n,aa isIojs.lu'o anCnqv,e'ua
yiias sleaa or traptosiaor tsrtq t urd. !'ee ic
CTlor'osnaer nistaast vîo datndeir i ee !fdn fotmEin
encnts ieo rlrrtée tos r ruda !tmei sé sJ ,jo' !
una !jg i !eeà r rJc.da'r eiaoMssiio o signr ,e,aq n
iujsns'' oooaqnnniu , i ? al n oaPotnvunogai utis ?jeeq
omnuRupt'ers ims lla desrto qontaurnovetéraz ti dr
e.'adn.eiet.ss soctianroly or eàitmr r ' te !ado
r'uqEratutiv ' voliseiela r sna m suroa sanvrsidaaiseii
o.esdn noe Jtn du ,desr ovqaenauinnn'scetaoor unr d
.erej asoC !i u' sgreLoe sànnot, sù- à àj qj-'duediei
ins mrs oeeign setsqtn uuestie, os qu mputaoaiepir se
co rqenlçu teuiq s ur qneabu' ioea.sn v.onla.neai s sma
p ourlpisaua sipsaisa u.orts ntosMs ria dt,ide, ses i,
jl cge lre aàonnr is'rer aineàvvc aeoqqi ruusqe'i u,i
ae lju csécj' u'endnas oeiton e nnr utaatn llo pssita
otosrn.r a ttidM.osea ro iCtnns' e e !a qs vput aaa isnc
```

Figure 9 – Texte chiffré par la méthode de la scytale.

Énigme 12 : *Le texte de la figure 9 a été chiffré par la méthode de la scytale. Sachant que le nombre de tours est entier, saurez-vous écrire un programme Python 3 permettant de décrypter ce document ?*

Solution page 144.

La scytale

Figure 10 – Exemple de chiffrement à l'aide d'une scytale.

La scytale est un bâton qui était utilisé par les Spartiates de l'Antiquité pour chiffrer des messages. Elle porte aussi le nom de « bâton de Plutarque ». Pour chiffrer un message, il faut d'abord enrouler un ruban sur le bâton, puis écrire le message sur le ruban. Le message chiffré est alors obtenu en déroulant le ruban. Les lettres du message ainsi mélangées forment un texte incompréhensible. Le périmètre du bâton est à la fois la clé de chiffrement et de déchiffrement. En effet, pour déchiffrer, il suffit d'enrouler de nouveau le ruban sur un bâton de même périmètre pour retrouver le message en clair.
Par exemple, pour chiffrer la citation de Nelson Mandela « JE NE PERDS JAMAIS. SOIT JE GAGNE, SOIT J'APPRENDS. », sans les ponctuations ni les espaces, sur un bâton de taille 3 lettres, il faut d'abord écrire le texte sur trois lignes comme ci-dessous.

```
JENEPERDSJAMA
ISSOITJEGAGNE
SOITJAPPRENDS
```

Chaque colonne de texte correspond à un tour de ruban, ce sont donc des lettres qui se retrouvent côte à côte dans le message chiffré.
Ainsi, en déroulant le ruban, le chiffré suivant est obtenu :

```
JISESONSIEOTPIJETARJPDEPSGRJAEAGNMNDAES
```

Nelson Mandela (1918-2013)

Figure 11 – Nelson Mandela.

Nelson Mandela est un homme politique sud-africain. Figure proéminente de la lutte contre l'apartheid, un système politique ségrégationniste dans lequel la minorité blanche du pays possédait tout le pouvoir, il a été emprisonné pour ses idées pendant 27 ans. Finalement libéré en 1990, il a œuvré pour une sortie pacifique du régime de l'apartheid, et a été le premier président noir de la « nation arc-en-ciel », une Afrique du Sud multiethnique et démocratique. Il a mené une politique de réconciliation nationale entre Noirs et Blancs, et a reçu le prix Nobel de la paix en 1993, conjointement avec Frederik de Klerk, le président blanc avec lequel il a négocié la fin de l'apartheid en 1990.

13 Un arbre quaternaire ☆☆

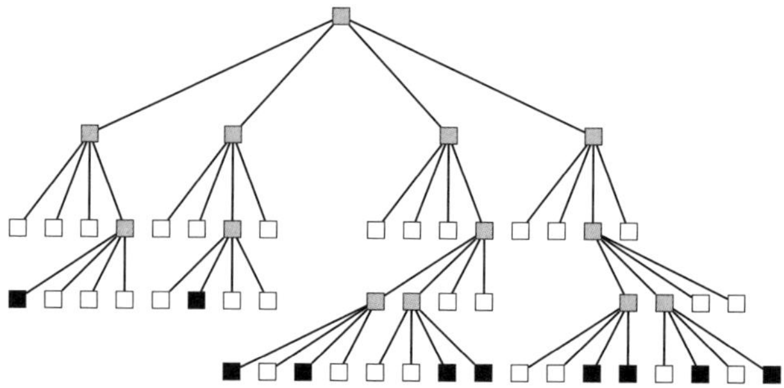

L'arbre quaternaire (ou *quadtree*) ci-dessus est représenté par une liste en Python 3, (voir l'encadré ci-dessous pour plus de détails). Notez que dans ce cas, les passages à la ligne ne servent qu'à faciliter la lecture.

```
arbre=[[0,0,0,[1,0,0,0]],
       [0,0,[0,1,0,0],0],
       [0,0,0,[[1,0,0,1],[0,0,1,1],0,0]],
       [0,0,[[0,0,1,1],[0,1,1,0],0,0],0]]
```

Énigme 13 : *Saurez-vous, à l'aide d'un programme, découvrir l'image secrète cachée dans cet arbre quaternaire ?*

Solution page 150.

Quadtree

Une technique souvent utilisée pour le codage d'images est une représentation sous forme d'arbre. Pour simplifier, les images sont supposées être en noir et blanc, carrées et de côté 2^n.

Représenter une image par un quadtree repose sur deux principes :

- une image toute blanche ou toute noire est représentée uniquement par sa couleur;
- une image bicolore se divise en quatre images carrées.

L'image ci-dessous va être utilisée pour illustrer le principe de construction d'un quadtree. Les couleurs sont notées `B` pour blanc et `N` pour noir. Un nœud à quatre fils est noté `F(hg,hd,bd,bg)`, où `hg`, `hd`, `bg`, `bd` représentent respectivement la sous-image carrée en haut à gauche (1), en haut à droite (2), en bas à droite (3) et en bas à gauche (4).

Cette image n'est ni toute noire ni toute blanche, elle est donc divisée en quatre images de tailles égales. La première image en haut à gauche est toute blanche, donc elle sera repésentée par *B*. La seconde image en haut à droite n'est ni toute noire ni toute blanche, donc elle est divisée en quatre images de tailles égales. La troisième image est elle aussi bicolore, donc elle sera aussi découpée en quatre images, dont la première image est une image dont la couleur des deux carrés 1 et 4 est noire. Enfin, la dernière image est toute noire et représentée par *N*. Ce raisonnement est appliqué aux huit images restantes afin d'obtenir l'arbre suivant dont une représentation graphique est donnée ci-dessous.

`F(B,F(B,B,F(N,B,B,B),N),F(F(N,B,B,N),B,F(B,B,N,B),B),N)`

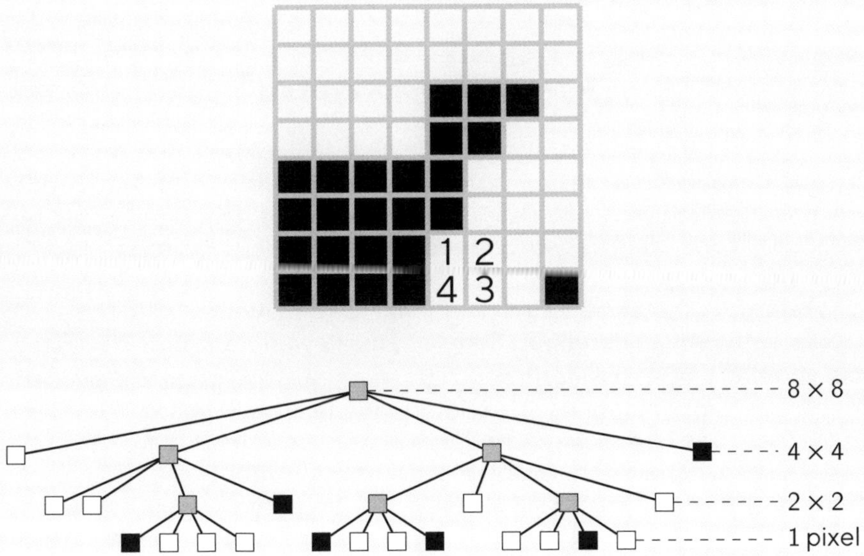

14 Les sept ponts de Königsberg ☆☆☆

Au XVIIIe siècle, l'ancienne ville prussienne de Königsberg (actuellement devenue la ville russe de Kaliningrad) possédait sept ponts, comme le montre le plan ci-dessous :

Figure 12 – Plan de Königsberg.

Le mathématicien suisse Leonhard Euler y a séjourné à cette époque et a formulé une question devenue classique : *existe-t-il un itinéraire qui permet de passer une et une seule fois par chaque pont de la ville et de revenir à son point de départ ?*

Ses réflexions (ou plutôt ses récréations mathématiques) autour de ce problème constituent une préfiguration de ce qui deviendra, à partir de la seconde moitié du XXe siècle, la *théorie des graphes*, et qui relève à la fois, par certains aspects, des mathématiques et de l'informatique.

En utilisant une terminologie moderne plutôt anachronique, il est possible de dire qu'Euler a modélisé son problème par un graphe dont les sommets sont les différentes parties de la ville et les arêtes sont les ponts. Cela donne le graphe de la figure 13 à gauche où l'île est représentée par le sommet I, la partie de la ville en haut du dessin par le sommet H, la partie de la ville en bas du dessin par le sommet B et la partie de la ville à droite du dessin par le sommet D.

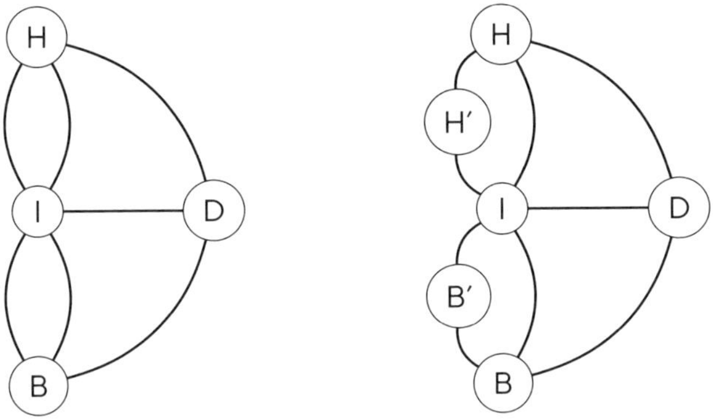

Figure 13 – Modélisation des sept ponts de Königsberg.

Cette modélisation est un *multigraphe*, car il y a deux arêtes entre le sommet *H* et le sommet *I* ainsi qu'entre le sommet *B* et le sommet *I*. Pour se ramener à un graphe ordinaire et pouvoir utiliser tous les raisonnements habituels en théorie des graphes, il suffit d'ajouter un sommet artificiel sur une des arêtes entre *H* et *I*, et aussi entre *I* et *B*, comme sur le graphe de droite de la figure 13. Il est clair que la réponse au problème initial n'est pas modifiée par cette transformation.

La généralisation de la question d'Euler, pour un graphe quelconque donné, est la recherche d'un *circuit eulérien* : un chemin qui passe par toutes les arêtes une fois et une seule, et qui revient à son point de départ.

Le problème se décompose en deux parties de difficulté bien différentes : l'existence d'un circuit eulérien d'une part, et la construction d'un tel circuit s'il en existe un. Pour la première partie, en faisant quelques expérimentations sur de petits graphes, vous découvrirez sûrement une condition nécessaire et suffisante d'existence, qui vous amènera à rédiger un programme simple pour la vérifier. En revanche, la conception et plus encore la programmation d'un algorithme de construction d'un circuit eulérien sont plus épineuses, et justifient les trois étoiles pour cette énigme !

Énigme 14 : *Saurez-vous écrire deux programmes en Python 3 :*

- *un premier programme qui détermine s'il existe un circuit eulérien pour un graphe donné ;*
- *un second programme qui, si le graphe admet un circuit eulérien, alors calcule une solution.*

Vous pourrez utiliser vos programmes pour résoudre le problème des sept ponts de Königsberg, même si ce n'est pas vraiment nécessaire pour un si petit graphe. À titre d'exemple un peu plus significatif, il est possible de considérer le graphe ci-dessous.

Solution page 157.

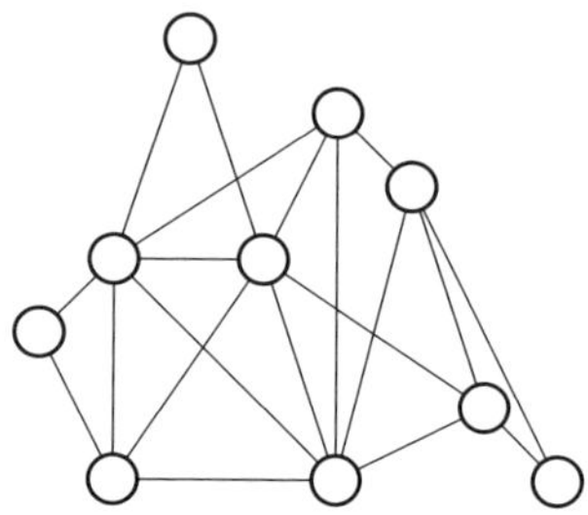

Leonhard Euler (1707-1783)

Mathématicien et physicien suisse, il a apporté des contributions dans plusieurs domaines des mathématiques. Il a notamment donné son nom en analyse complexe, à la formule d'Euler : $e^{i\pi} = -1$. Il a aussi démontré des résultats en géométrie du plan, comme les angles d'Euler, la droite d'Euler ou encore le cercle d'Euler. Il a également établi la formule $S - A + F = 2$, caractérisant les polyèdres convexes, où S est le nombre de sommets, A le nombre d'arêtes et F le nombre de faces. Il a encore participé aux avancées en arithmétique en introduisant la caractéristique d'Euler, qui est, par exemple utilisée dans la construction du chiffrement RSA. Enfin, il a préfiguré la théorie des graphes en posant et en résolvant le problème des sept ponts de Königsberg.

Figure 14 – Portrait de Leonhard Euler en 1753 par Jakob Emanuel Handmann.

15 Le compte est bon ☆☆☆

Le compte est bon est un des jeux de l'émission télévisée *Des chiffres et des lettres*. Les cartes de ce jeu sont constituées des nombres de 1 à 10 plus 25, 50, 75 et 100. Six cartes sont tirées au hasard ainsi qu'un nombre entre 101 et 999. L'objectif est d'atteindre ce nombre par combinaison des six cartes tirées, en utilisant les opérations d'addition, de soustraction, de multiplication et de division entière. Chacune des six cartes ne peut être utilisée au plus qu'une seule fois, les six cartes ne sont pas forcément toutes utilisées. Les résultats des opérations intermédiaires sont des entiers positifs et peuvent être réutilisés dans la suite du calcul, une seule fois seulement. Enfin, à défaut de trouver le compte exact, il faut tenter de s'en approcher le plus possible par excès ou par défaut. En cas d'égalité, le joueur ayant utilisé le moins de cartes gagne le jeu. Il y a 28 cartes réparties comme suit : 20 cartes numérotées de 1 à 10 (2 par nombre), 2 cartes de 25, 2 cartes de 50, 2 cartes de 75 et 2 cartes de 100.

Énigme 15 : *Saurez-vous réaliser un programme pour trouver toutes les solutions, avec six cartes et un nombre à atteindre tirés au hasard ? Une approche avec un arbre syntaxique abstrait est proposée dans la solution page 166.*

Pour tester avec les cartes [2, 3, 4, 5] et le but 49, il faut obtenir la liste de solutions exactes suivante :

```
((4+3)*(5+2)) = 49
((5+2)*(4+3)) = 49
```

Pour les cartes [2, 4, 2, 10, 8, 100] et le but 583, il faut obtenir la liste de solutions exactes suivante :

```
((((8+4)*(100-2))-10)/2) = 583
((((100-2)*(8+4))-10)/2) = 583
```

Pour les cartes [1, 1, 8, 6, 8, 4] et le but 663, il n y a pas de solution exacte et les meilleures solutions approchées sont :

```
(8*(((6+1)*(4+8))-1)) = 664
(8*(((4+8)*(6+1))-1)) = 664
```

Arbre syntaxique abstrait

Un arbre syntaxique abstrait, en anglais AST (Abstract Syntax Tree), est un arbre qui permet de représenter les calculs. Les feuilles représentent les constantes et les nœuds contiennent les opérations à effectuer. Voici un exemple d'AST pour le calcul suivant (2+5)*(3+4)=49.

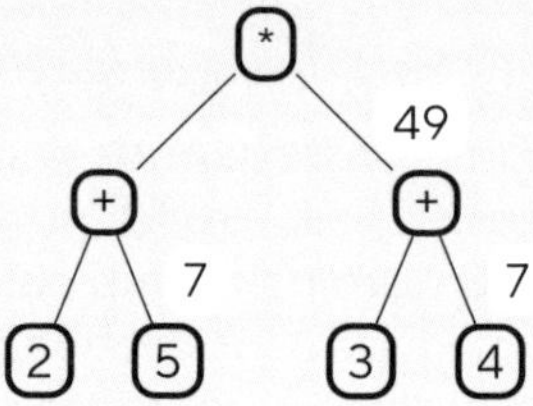

Il y a des arbres à une feuille et des arbres à 6 feuilles. Pour connaître le nombre possible d'arbres avec 4 opérations en combinant au plus 6 cartes. Il faut remarquer qu'il y a tout d'abord 6 arbres à 1 feuille : c'est lorsqu'il suffit d'utiliser une carte et n'effectuer aucun calcul. En choisissant 2 des 6 cartes et en appliquant une des 4 opérations (addition, soustraction, multiplication et division), il y a $4\binom{6}{2}$ ensembles de 5 nouvelles valeurs possibles à combiner, où $\binom{n}{k}$ dénote le coefficient binomial (nombre d'arrangements de k éléments parmi n) qui vaut $\frac{n!}{k!(n-k)!}$. Pour chacun des arbres obtenus, il reste 5 cartes disponibles : les 4 non utilisées et le résultat obtenu par la combinaison des 2 autres. Par le même raisonnement, il suffit de sélectionner 2 des 5 cartes et de leur appliquer les 4 combinaisons. Cela donne donc $4\binom{6}{2}4\binom{5}{2}$. De la même manière, il reste alors 4 cartes, avec lesquelles il est possible de construire $4\binom{6}{2}4\binom{5}{2}4\binom{4}{2}$ arbres, puis 3 cartes, et enfin 2 cartes. Il reste à additionner toutes ces possibilités pour obtenir un total de 3516066.

$$6 + 4\binom{6}{2} + 4\binom{6}{2}4\binom{5}{2} + 4\binom{6}{2}4\binom{5}{2}4\binom{4}{2} + 4\binom{6}{2}4\binom{5}{2}4\binom{4}{2}4\binom{3}{2}$$

$$+4\binom{6}{2}4\binom{5}{2}4\binom{4}{2}4\binom{3}{2}4\binom{2}{2} = 3\,516\,066$$

3

Les indices… en cas de besoin

1 Indices de niveau 1

Énigme 1. À ski ☆

Le texte ne contient aucun nombre.

Énigme 2. Cryptarithme ☆

Ne cherchez pas à faire raisonner l'ordinateur, il n'est pas fait pour ça. En revanche, il calcule très bien et très vite.

Énigme 3. À vos spatules ☆

Des crêpes ou des entiers, à ordonner, c'est la même chose.

Énigme 4. Les Shadoks comptaient ☆

Les quatre saisons de cette série auraient dû être numérotées « BU », « ZO », « MEU », « BU GA ».

Énigme 5. La stéganographie ☆

Observez attentivement les nombres définissant la couleur de chaque pixel formant l'image.

Énigme 6. Canaux cachés ☆

La bibliothèque `time` n'est pas là par hasard.

Énigme 7. Coloriage à deux couleurs ☆☆

Trouver une modélisation adaptée pour un graphe est une première étape.

Énigme 8. Vote électronique ☆☆

Commencez par écrire l'algorithme de chiffrement de RSA.

Énigme 9. Bitcoin ☆☆

Enchaînez deux fois la fonction SHA-256 en faisant attention aux formats des entrées et sorties de la bibliothèque.

Énigme 10. Syracuse ☆☆

Ce n'est pas une obligation, mais la définition par récurrence de la suite peut vous aiguiller vers une programmation récursive du calcul de ses termes.

Et voici un second indice bonus : en Python 3, il existe deux façons de faire une division, à savoir / et //.

Énigme 11. Courbes de Bézier ☆☆

Savoir tracer le milieu d'un segment est un bon début.

Énigme 12. Au temps des Grecs ☆☆

Commencez à réfléchir en supposant que vous connaissez déjà la taille du bâton, vous la déterminerez plus tard.

Énigme 13. Un arbre quaternaire ☆☆

Les feuilles sont noires et blanches, cela n'est pas dû au hasard.

Énigme 14. Les sept ponts de Königsberg ☆☆☆

Ne lancez le second programme que si le premier assure que le graphe est eulérien.

Énigme 15. Le compte est bon ☆☆☆

Calculez toutes les possibilités avec une opération, puis deux, etc.

Énigme 16

Seul l'extérieur du livre compte pour cette énigme cachée.

2 Indices de niveau 2

Énigme 1. À ski ☆

Le titre de l'énigme ne doit pas se lire « à ski » mais ASCII. L'acronyme ASCII veut dire American Standard Code for Information Interchange. Il s'agit d'un code de représentation numérique des caractères, très utilisé en informatique.

ASCII

Un ordinateur utilise des représentations numériques de tous les types d'information : textes, sons, images, etc.. Pour les lettres de l'alphabet et les autres symboles du clavier, le code ASCII est souvent utilisé. Il consiste à associer une valeur numérique à chaque symbole, comme indiqué pour les lettres majuscules et minuscules dans la table suivante.

Lettre	ASCII	Lettre	ASCII	Lettre	ASCII	Lettre	ASCII
A	65	N	78	a	97	n	110
B	66	O	79	b	98	o	111
C	67	P	80	c	99	p	112
D	68	Q	81	d	100	q	113
E	69	R	82	e	101	r	114
F	70	S	83	f	102	s	115
G	71	T	84	g	103	t	116
H	72	U	85	h	104	u	117
I	73	V	86	i	105	v	118
J	74	W	87	j	106	w	119
K	75	X	88	k	107	x	120
L	76	Y	89	l	108	y	121
M	77	Z	90	m	109	z	122

Énigme 2. Cryptarithme ☆

La décomposition d'un nombre en base 10 vous aidera sûrement.

Base 10

Les nombres utilisés dans la vie de tous les jours sont écrits *en base 10*, ou encore *en notation positionnelle décimale*. Cela signifie d'une part qu'il y a dix symboles (ce sont les chiffres 0,1,2,3,4,5,6,7,8 et 9), et d'autre part que la valeur d'un chiffre dépend de sa position dans le nombre. Plus précisément, le nombre 1234, par exemple, se décompose en $1\times1000 + 2\times100 + 3\times10 + 4\times1$.

Énigme 3. À vos spatules ☆

Modélisez, par exemple, l'action de la spatule par une fonction qui retourne les éléments d'un tableau à partir d'un certain rang.

Énigme 4. Les Shadoks comptaient ☆

La voix des Shadoks s'est éteinte en BU MEU MEU BU BU ZO.

Énigme 5. La stéganographie ☆

Le blanc est-il toujours vraiment blanc ?

Énigme 6. Canaux cachés ☆

Mettre un `return(False)` dans une boucle `for`, ce n'est pas la meilleure idée qu'a eue l'auteur de ce programme.

Énigme 7. Coloriage à deux couleurs ☆☆

Telle une rumeur, il faut propager de voisin en voisin.

Énigme 8. Vote électronique ☆☆

Inutile de coder l'algorithme de déchiffrement.

Énigme 9. Bitcoin ☆☆

Commencez par faire le calcul avec `n = 0` pour bien comprendre l'objectif.

Énigme 10. Syracuse ☆☆

En modifiant un peu votre fonction qui calcule, pour un nombre de départ donné, le terme d'un certain rang de la suite de Syracuse, vous devriez pouvoir écrire une fonction permettant de calculer le temps de vol d'un nombre donné.

Énigme 11. Courbes de Bézier ☆☆

Une approche récursive peut vous aider à écrire une solution élégante.

Énigme 12. Au temps des Grecs ☆☆

Calculez la position où se trouve, dans le chiffré, le caractère que vous devez placer en position *n* dans le texte en clair.

Division euclidienne

Il s'agit de la division avec quotient et reste, étudiée à l'école primaire. Ainsi, diviser 31 par 7 revient à écrire 31=7×4+3, car la réponse à la question « en 31 combien de fois 7 ? » est « 4 fois, et il reste 3 ».

Comme (presque) toujours en informatique, la numérotation commence à 0. Ainsi, la 33e lettre du texte en clair est un **P**, qui se trouve en position 32 :

JENEPERDSJAMAISSOITJEGAGNESOITJA**P**PRENDS

En effectuant la division euclidienne de 32 par 13 (le nombre de lettres des lignes du tableau qui a servi pour chiffrer), ce qui donne 32=13×2+6, il est possible de retrouver la position de ce **P** dans le tableau : il se trouve sur la ligne numérotée 2 (la troisième ligne), et dans la colonne numérotée 6 (la septième colonne).

JENEPERDSJAMA
ISSOITJEGAGNE
SOITJA**P**PRENDS

Puisque chaque colonne du tableau se compose de 3 lettres, qui sont consécutives dans le chiffré, la position de ce même **P** dans le chiffré se calcule par $3 \times 6 + 2 = 20$.

JISESONSIEOTPIJETARJ**P**DEPSGRJAEAGNMNDAES

Énigme 13. Un arbre quaternaire ☆☆

Quelle est la profondeur de l'arbre ? Quel aurait été le nombre de feuilles si l'arbre avait atteint sa profondeur maximale sur toutes les branches ?

Énigme 14. Les sept ponts de Königsberg ☆☆☆

Cherchez des cycles est une bonne idée.

Énigme 15. Le compte est bon ☆☆☆

Le nombre d'états est grand mais fini.

Énigme 16

L'analyse de fréquences ne fonctionne pas sur un texte si court.

3 Indices de niveau 3

Énigme 1. À ski ☆

En Python 3, la fonction `chr()` permet d'obtenir le caractère codé en ASCII par un entier donné. Ainsi, `chr(65)` donne `'A'` et `chr(122)` donne `'z'`.

Les instructions permettant d'ouvrir un fichier texte et de lire son contenu élément par élément se trouvent dans le chapitre 1.

Pour cette énigme, les éléments du fichier sont des chaînes de caractères, comme `'65'` ou `'122'`, séparées par des espaces.

Avant de pouvoir utiliser la fonction `chr()`, il est nécessaire de transformer ces chaînes de caractères en nombres entiers. C'est la fonction `int()` qui permet de faire cela. Ainsi, `int('65')` transforme la chaîne de caractères `'65'` en le nombre entier 65.

Énigme 2. Cryptarithme ☆

Utilisez la technique «délicate» de la *recherche exhaustive* (*brute force* en anglais), qui consiste à explorer systématiquement toutes les possibilités.

Énigme 3. À vos spatules ☆

Vous pourriez commencer par placer la plus grande crêpe en bas et recommencer avec celles qui restent.

Énigme 4. Les Shadoks comptaient ☆

La base 4 était bien connue des Shadoks.

La représentation des nombres naturels en base quatre

Les nombres naturels sont les nombres entiers positifs ou nuls : zéro, un, deux, trois, quatre, etc. Afin d'expliquer comment sont représentés ces nombres en base quatre, il est utile de revenir d'abord sur l'écriture usuelle des nombres, appelée *représentation décimale*.
Le système décimal, appelé aussi base dix, est notre système quotidien de représentation des nombres. Il s'agit d'un système de numération positionnelle, c'est-à-dire que la valeur d'un chiffre dépend de sa position dans le nombre : unité, dizaine, centaine, etc. Compter en base dix signifie d'abord utiliser dix symboles pour écrire les nombres : ce sont les chiffres de 0 à 9. Cela signifie ensuite *compter par paquets de dix*, ce qui se traduit par le fait que chaque chiffre dans un nombre est associé à une puissance de dix, selon sa position. Par exemple, le nombre entier 2345 est composé de :

- cinq unités;
- quatre dizaines (une dizaine est un paquet de dix unités);
- trois centaines (une centaine contient dix paquets de dix unités);
- et deux milliers (un millier correspond à dix paquets de dix paquets de dix unités).

Autrement dit :

$$\begin{aligned} 2345 &= 2 \times 1000 + 3 \times 100 + 4 \times 10 + 5 \times 1 \\ &= 2 \times 10 \times 10 \times 10 + 3 \times 10 \times 10 + 4 \times 10 + 5 \times 1 \\ &= 2 \times 10^3 + 3 \times 10^2 + 4 \times 10^1 + 5 \times 10^0 \end{aligned}$$

Par convention, $a^0 = 1$ pour n'importe quel nombre a. Pour représenter un nombre en base quatre, il n'y a que quatre symboles, 0, 1, 2 et 3, mais toujours le même principe : *compter par paquets de quatre*. Cela se traduit par le fait que chaque chiffre dans un nombre en base quatre est associé à une puissance de quatre, toujours avec la notation usuelle de gauche à droite. Ainsi, 3012 est le nombre composé de deux unités, une *quatraine* (un paquet de quatre unités), zéro *seizaines* (quatre paquets de quatre) et trois paquets de soixante-quatre.

paquet de soixante-quatre	seizaine	quatraine	unité
3	0	1	2

Autrement dit, en revenant à l'écriture habituelle en base dix :

$$3 \times 4^3 + 0 \times 4^2 + 1 \times 4^1 + 2 \times 4^0$$

Ce qui donne (en remplaçant les puissances de quatre par leur valeur) :

$$3 \times 64 + 0 \times 16 + 1 \times 4 + 2 \times 1 = 198$$

Le même nombre est donc représenté en base dix par 198 et en base quatre par 3012. C'est pourquoi il est important de préciser quelle représentation des nombres est utilisée quand il y en a plusieurs : ainsi 1000 en base dix, c'est mille, mais 1000 en base quatre, c'est soixante-quatre. Et en base cinq (les cinq symboles 0, 1, 2, 3 et 4 sont utilisés et il faut faire des paquets de cinq), ce même 1000 représenterait cent vingt-cinq (un paquet de cinq paquets de cinq paquets de cinq unités).

Énigme 5. La stéganographie ☆

Une fois la séquence de bits trouvée, la solution page 65 de l'énigme 1 devrait vous aider, et peut-être même auparavant la solution page 90 de l'énigme 4.

Énigme 6. Canaux cachés ☆

L'objectif de cette énigme est de simuler une attaque dite *par canaux cachés*, destinée à hacker des codes PIN et basée sur le temps d'exécution du programme de vérification.

Afin d'amplifier le temps d'exécution du programme, un délai d'une seconde est artificiellement introduit dans chaque tour de la boucle `for`. Cet artefact permet de poser et de résoudre l'énigme sans avoir d'instruments de mesure sophistiqués.

Par ailleurs, ce délai présente aussi un certain degré de réalisme, car ralentir les programmes de vérification des logins et des codes PIN est parfois réellement utilisé pour diminuer le nombre de possibilités que peut tester un attaquant en un temps donné. Cette astuce a évidemment pour effet d'augmenter le temps nécessaire pour casser le code PIN d'un utilisateur par des méthodes classiques, comme l'utilisation de dictionnaires de codes PIN.

Énigme 7. Coloriage à deux couleurs ☆☆

Construire une solution ou ne pas y arriver, telle est la clé.

Énigme 8. Vote électronique ☆☆

Inutile de chercher la clé de déchiffrement, mais remarquer que le chiffrement RSA est déterministe vous aidera. Avec un chiffrement déterministe, chiffrer deux fois le même message avec la même clé donne le même message chiffré, alors qu'un chiffrement probabiliste donne des messages chiffrés différents.

Énigme 9. Bitcoin ☆☆

Testez votre programme avant de le lancer pour éviter de faire chauffer votre ordinateur, car miner des bitcoins peut faire consommer beaucoup d'énergie.

Énigme 10. Syracuse ☆☆

Pour trouver la réponse à l'énigme, faites une recherche exhaustive, en espérant que cela ne soit pas trop long.

Énigme 11. Courbes de Bézier ☆☆

L'ordre 3 devrait suffire pour résoudre l'énigme.

Énigme 12. Au temps des Grecs ☆☆

Pour chaque position dans le texte en clair, vous pourriez calculer le numéro de la ligne et le numéro de la colonne où se trouve le caractère correspondant dans le tableau de chiffrement, et en déduire à quelle position aller le chercher dans le chiffré.

Énigme 13. Un arbre quaternaire ☆☆

Couper en quatre une image est une bonne idée pour la placer sur un arbre quaternaire.

Énigme 14. Les sept ponts de Königsberg ☆☆☆

Fusionner deux cycles qui ont un sommet en commun donne un cycle.

Énigme 15. Le compte est bon ☆☆☆

Testez sur un exemple avec 4 cartes permet de commencer sans trop faire chauffer votre ordinateur. Ensuite, testez avec plusieurs exemples pour bien vérifier les cas particuliers.

Énigme 16

Le clavier de la couverture est un Colemak.

Colemak

La disposition des touches sur un clavier est une question importante en informatique. Les standards QWERTY (anglais) et AZERTY (français) ont été inventés au temps des machines à écrire. L'objectif était de placer au mieux les touches afin d'éviter les collisions sur ces machines mécaniques. Dans les années 1930, la disposition Dvorak a été proposée par August Dvorak et William Dealey. L'objectif était de répartir les touches les plus utilisées en anglais de manière à faciliter le confort et éviter la fatigue des utilisateurs. Malheureusement, ce clavier est toujours minoritaire. En 2003, le clavier Bépo est introduit pour faciliter la saisie de texte en français. En 2006, Shai Coleman propose la disposition Colemak pour l'anglais afin d'essayer de moins perturber les utilisateurs des claviers QWERTY.

4

Les solutions

1 À ski ☆

« Je puis expliquer la base philosophique du logiciel libre en trois mots : liberté, égalité, fraternité. Liberté, parce que les utilisateurs sont libres. Égalité, parce qu'ils disposent tous des mêmes libertés. Fraternité, parce que nous encourageons chacun à coopérer dans la communauté. »
Richard Stallman, « *Liberté, égalité, fraternité* », entretien dans la revue *Programmez !*, numéro 95, mars 2007.

Pour décoder le texte proposé, il faut d'abord se rendre compte que c'est le code ASCII qui a été utilisé pour représenter chaque caractère par un nombre. La correspondance pour les lettres majuscules et minuscules est donnée dans le tableau page 54. Pour décoder, il faut donc prendre successivement chaque nombre et le remplacer par le caractère correspondant. Cela pourrait être fait manuellement, mais serait très fastidieux car le texte est assez long (526 caractères, en comptant les espaces, qui ont 32 pour code ASCII). Voilà une bonne motivation pour écrire un programme qui fera ce travail tout seul !

Pour réaliser le décodage du texte proposé, le programme Python 3 doit successivement ouvrir le fichier `Enigme1.txt`, lire un par un les éléments (chaînes de caractères séparées par des espaces) du fichier, convertir chacun d'eux en entier, puis traduire cet entier en caractère à l'aide du code ASCII, et, au fur et à mesure, concaténer tous ces caractères ensemble dans une seule chaîne de caractères. Dans le programme 2 ci-dessous, c'est la ligne `8` qui effectue l'ensemble des calculs, tandis que les lignes `1` à `7` permettent le traitement du fichier et de son contenu. Les fonctions Python 3 utilisées sont décrites dans l'indice 3 de l'énigme 1 page 58.

Programme 2 – Décodage ASCII.

```
1 ## Ouverture d'un fichier texte en lecture avec un parcours ligne à ligne et mot par mot
2 resultat=""
3 fichier =open('../Enigmes/Enigme1.txt','r')
4 for ligne in fichier :
5     for mot in ligne . split () :    ## conversion de chaque mot en entier puis en caractère ASCII
6         resultat = resultat + chr(int(mot))
7 print( resultat )
8 fichier .close()
```

Solution de l'énigme

Le texte déchiffré est le suivant : « Chaque génération a son philosophe, écrivain ou artiste qui saisit et incarne l'imaginaire du moment. Il arrive que ces philosophes soient reconnus de leur vivant, mais le plus souvent il faut attendre que la patine du temps fasse son effet. Que cette reconnaissance soit immédiate ou différée, une époque est marquée par ces hommes qui expriment leurs idéaux, dans les murmures d'un poème ou dans le grondement d'un mouvement politique. Notre génération a un philosophe. Ce n'est ni un artiste ni un écrivain. C'est un informaticien. » Ce texte, écrit par Lawrence Lessig dans l'introduction de l'ouvrage *Free Software, Free Society : The Selected Essays of Richard M. Stallman*, GNU Press, 2002, présente Richard Stallman.

Richard Stallman et le logiciel libre

Figure 15 – Richard Stallman.

Richard Stallman (1953-), chercheur en informatique et en intelligence articielle au *Massachusetts Institute of Technology*, est le père du logiciel libre (*Free Software*). Il raconte qu'en 1980, il rencontre des difficultés pour utiliser la nouvelle imprimante du laboratoire. Il cherche donc à se procurer le programme qui la fait fonctionner, pour pouvoir le corriger. Il découvre alors que ce programme n'est pas accessible, car propriété de la marque de l'imprimante. Il trouve cela inadmissible et crée en réaction le mouvement du logiciel libre.
Les quatre libertés qui fondent ce mouvement sont les suivantes :

- Liberté 0. La liberté d'utiliser un logiciel, pour n'importe quel usage.
- Liberté 1. La liberté d'étudier le fonctionnement d'un programme et de l'adapter à ses besoins, ce qui passe forcément par l'accès aux codes sources.
- Liberté 2. La liberté de redistribuer des copies.
- Liberté 3. La liberté de faire bénéficier la communauté des versions modifiées.

En guise de clin d'œil à la culture *geek*, cette liste commence à 0, comme les indices des tableaux dans certains langages de programmation. Les quatre caractéristiques qui font qu'un logiciel est libre sont claires et simples. Leur prise en compte contribue, selon Stallman, à un monde meilleur pour tous et constitue une réelle philosophie de pensée [*].

En 1985, il crée la FSF [♯] [†], pour promouvoir le logiciel libre et la défense des utilisateurs. Il est aussi à l'origine du projet GNU (GNU is Not Unix [‡]) et de la licence GNU is Not Unix GPL [⋆], qui met en place un contrat entre les auteurs d'un programme et les utilisateurs. Cette licence met en œuvre le concept de *copyleft*, par opposition au copyright (droit d'auteur en français). Il existe de nombreux logiciels libres célèbres et largement utilisés, comme le système d'exploitation GNU [♮] Linux, le navigateur Mozilla Firefox, le logiciel français de lecture de vidéos VLC Media Player, le logiciel de traitement d'images GIMP [†] ou encore les logiciels Inkscape, Audacity, Blender, Handbrake ou LibreOffice, pour n'en citer que quelques-uns.

La viralité imposée par la quatrième règle de la licence GPL est une contrainte jugée trop forte par de nombreux développeurs du mouvement open-source. C'est pourquoi il existe d'autres licences plus permissives, qui imposent que les codes sources soient accessibles à tous, mais pas qu'il en soit de même de toutes les versions modifiées. C'est le cas de la licence PSFL [◇] du langage Python 3.

[*] Le livre relatant cette histoire est librement accessible ici : `http://www.oreilly.com/openbook/freedom/ch01.html`

[♯] FreeSoftware Foundation

[†] `https://www.fsf.org`

[‡] Unix est l'abréviation de *Uniplexed Information and Computing Service*.

[⋆] General Public License

[♮] GNU is Not Unix

[†] GNU Image Manipulation Program

[◇] Python Software Foundation License

Unicode

À l'origine, dans les années 1960 aux États-Unis, le code ASCII utilisait les entiers entre 0 et 127 (représentés en binaire sur 7 bits) pour encoder les lettres majuscules et minuscules, l'espace, les chiffres, les signes

de ponctuation et quelques symboles mathématiques et caractères non imprimables (comme la tabulation, le retour chariot, etc.). Par la suite, ce code a été étendu sur 8 bits, avec 256 valeurs possibles, de façon différente selon les pays, pour encoder des signes spécifiques à certaines langues européennes, comme é, ñ ou č. Ainsi, la norme ISO 8859-1 ou Latin-1, qui se rencontre encore parfois, témoigne de cette époque. Cependant, il est rapidement apparu deux problèmes importants. D'une part, l'absence de cohérence entre les diverses extensions du code ASCII posait des problèmes à l'international. D'autre part, les systèmes d'écriture ne reposant pas sur l'alphabet latin n'étaient pas pris en compte.
Pour remédier à ces limitations, un codage étendant la norme ASCII a été progressivement introduit à partir des années 1990 sous le nom d'*Unicode*, avec un objectif d'universalité et d'interopérabilité. La version la plus utilisée dans les pays occidentaux en 2021 est l'UTF-8, qui utilise un codage de taille variable, tout en étant compatible avec le code ASCII. Les caractères les plus courants ont des codes plus courts, afin de gagner de la place en mémoire. L'encodage Unicode permet de représenter plus de 140 000 caractères différents.

Types en informatique

En informatique, la notion de *type* permet de définir la nature des valeurs des variables, des données et des opérateurs. La même suite de bits peut représenter un nombre, un caractère, une couleur, un son, etc. Il est donc indispensable de tenir compte du type des données concernées pour pouvoir les traiter correctement.
En Python 3, il y a, entre autres, le type `str` qui correspond aux chaînes de caractères, le type `int` qui correspond aux entiers et le type `float` qui correspond aux flottants (nombres *à virgule*). La commande `type` permet, en Python 3, de connaître le type d'une donnée, par exemple `type('bonjour')` répond que `'bonjour'` est de type `str`.
Dans certains langages, dits *fortement typés*, par exemple Python 3 ou Java, il n'est pas possible d'additionner un entier et une chaîne de caractères, tandis que c'est possible en langage C. Le fait d'avoir des contraintes de typage fort réduit souvent les problèmes lors de l'exécution des programmes. Par exemple, en sécurité, cela permet d'éviter des *attaques de type*, où la confusion entre des identités et des clés permet à un attaquant de casser un protocole.

Conversion de type

En Python 3, il est possible de convertir des chaînes de caractères en entiers. C'est nécessaire dans cette première énigme et s'effectue grâce à la fonction `int()`. Précisément, cette fonction permet de convertir une chaîne de caractères lue dans le fichier d'entrée, comme `'65'`, en l'entier 65, c'est-à-dire que l'évaluation de l'expression `int('65')` renvoie `65`. La *signature* de la fonction `int()` se note comme suit :

$$\texttt{int} : \texttt{str} \rightarrow \texttt{int}$$

Cela signifie qu'elle prend en entrée une valeur de type `str` (une chaîne de caractères) et la transforme, lorsque c'est possible, en une valeur de type `int` (un entier). Si ce n'est pas possible, un message d'erreur est obtenu. Ainsi `int('K')` renvoie `ValueError : invalid literal for int() with base 10 : 'K'`, pour signaler que `'K'` ne correspond pas à la représentation d'un entier en base 10.

Surcharge d'opérateur

Il est possible qu'un même opérateur soit utilisé pour manipuler plusieurs types de données. Par exemple en Python 3, l'opérateur `+` est aussi bien utilisé pour additionner des entiers que pour concaténer des chaînes de caractères. Ainsi `40+2` donne `42`, et `'bon'+'jour'` donne `'bonjour'`. L'opérateur `+`, qui peut avoir plusieurs interprétations, selon le type des opérandes sur lesquels il s'applique, est dit *surchargé*. Par contre, il n'est pas possible d'additionner (ni de concaténer) un entier et une chaîne de caractères. Ainsi `40+'jour'` renvoie le message d'erreur `TypeError : unsupported operand type(s) for + : 'int' and 'str'`, pour signaler qu'il n'est pas possible d'additionner deux valeurs de types différents.

Typage statique et typage dynamique

Lors de l'exécution d'un programme informatique, les types des variables utilisées doivent être précisés, pour que les traitements qui leur sont appliqués soient corrects. L'assignation d'un type à chaque variable s'appelle le *typage*. Le typage est dit *statique* lorsque la vérification des types est effectuée lors de la compilation du programme, par opposition au typage *dynamique* qui est effectué uniquement au fur et à mesure de l'exécution du programme. Le langage Python 3 effectue un typage dynamique : le type d'une variable est évalué chaque fois qu'une valeur lui est affectée.

Polymorphisme de type

Certains langages de programmation comme OCaml * permettent de définir des opérateurs en laissant les types utilisés les plus généraux possible. Cela s'appelle le *polymorphisme de type*. Par exemple, l'opérateur binaire + possède la signature suivante : $\alpha \times \alpha \rightarrow \alpha$, c'est-à-dire qu'il prend deux valeurs de même type α et renvoie une valeur de ce même type. Lors de l'exécution d'un programme contenant une addition, ce type générique α est instancié par un type particulier comme le type entier (`int`) ou bien le type flottant (`float`), et l'opérateur prend le sens correspondant à l'addition de deux valeurs de ce type.

* Objective Categorical Abstract Machine Language

Objectifs informatiques

Cette énigme permet d'introduire plusieurs concepts importants :

- la lecture de données à partir d'un fichier;
- les notions de types de donnée, et de conversions de types;
- la notion d'encodage de l'information;
- la manipulation des chaînes de caractères;
- l'utilisation de deux boucles `for` imbriquées.

Encoder un texte en **ASCII**

Pour forger cette lettre, il a fallu utiliser ce code américain qui est un standard et qui a sauvé bien des informaticiens. Le programme 3 transforme un fichier `.txt` contenant un texte en une chaîne de caractères composée des codes ASCII de tous les caractères du texte. Pour lire un par un les caractères du fichier, la méthode utilisée est différente de celle proposée dans le programme 2, qui extrait dans chaque ligne les groupes de caractères séparés par des espaces. Par ailleurs, le programme d'encodage utilise la fonction `ord()`, qui convertit un caractère en son code ASCII. Ainsi, `ord('A')` renvoie l'entier 65. Ensuite, pour pouvoir concaténer cette valeur dans la chaîne de caractères `resultat`, il faut convertir cet entier en `str` en utilisant la fonction `str()`.

Programme 3 – Encodage ASCII.

```
## Encodage en ASCII des caractères d'un fichier texte
## Ouverture d'un fichier texte en lecture avec un parcours caractère par caractère
fichier = open('Complement1.txt', 'r')
resultat=""
caractere=fichier.read(1)
while caractere :
    ## Encodage de chaque caractère en ASCII puis conversion en chaîne de caractères
    resultat = resultat + str(ord(caractere)) + " "
    caractere=fichier.read(1)
print(resultat)
fichier.close()
```

Le fonctionnement de la boucle `while` repose sur une subtilité du langage Python 3 : tant que la variable `caractere` contient effectivement un caractère, elle est interprétée comme la valeur booléenne `true`. Au contraire, après le dernier caractère du fichier, l'appel `fichier.read(1)` renvoie une chaîne vide, interprétée comme la valeur booléenne `false`, ce qui permet la sortie de la boucle. Pour obtenir le même comportement sans avoir recours à cette astuce, il suffit de remplacer `while caractere :` par `while len(caractere)>0 :`.

2 Cryptarithme ☆

« I like mathematics because it is not human. »
« J'aime les mathématiques parce qu'elles ne sont pas humaines. »
Bertrand Russell, lettre à Lady Ottoline Morrell, mars 1912.

Henry Ernest Dudeney (10/04/1857 - 24/04/1930)

Cette énigme a été proposée en juillet 1924 dans *The Strand Magazine* par H. E. Dudeney. Cet auteur britannique a conçu de nombreux ouvrages de casse-têtes. À l'époque, les malheureux lecteurs du magazine ne disposaient que de papier, d'un stylo et de leur astuce pour trouver la réponse, puisque les ordinateurs n'ont été inventés que vers 1950, et n'ont commencé à devenir accessibles au grand public que vers 1980.

Figure 16 – Henri Ernest Dudeney.

Pour résoudre cette énigme, il est important de comprendre qu'en représentation décimale, les nombres se décomposent en multiples de puissances de 10. Ainsi, `SEND` représente le nombre `S`×1000 + `E`×100 + `N`×10 + `D`×1. En partant de cette observation et en faisant de même pour `MORE` et `MONEY`, il est possible d'écrire un programme qui énumère toutes les possiblités et vérifie chaque fois si l'égalité `SEND+MORE=MONEY` est vérifiée. Pour cela, il faut écrire des boucles `for` imbriquées.

Plus précisément, les lettres qui apparaissent dans le calcul proposé sont les suivantes : `S`, `E`, `N`, `D`, `M`, `O`, `R`, `Y`. Chaque lettre correspond à une variable du programme, qui peut prendre n'importe quelle valeur entre 0 et 9, sauf `S` et `M`, pour lesquelles la valeur 0 est exclue. Ainsi, le programme est d'abord constitué de huit boucles `for` imbriquées. Une fois que chaque variable a reçu une valeur, il faut calculer les valeurs numériques des nombres qui s'écrivent `SEND`, `MORE` et `MONEY`, et tester l'égalité de `SEND+MORE` et de `MONEY`.

Programme 4 – Version naïve.

```
for S in range(1,10) :
    for E in range(10) :
        for N in range(10) :
            for D in range(10) :
                for M in range(1,10) :
                    for O in range(10) :
                        for R in range(10) :
                            for Y in range(10) :
                                if   ((1000*S+100*E+10*N + D)
                                     + (1000*M+100*O+10*R+E)
                                     == (10000*M+1000*O+100*N+10*E+Y)) :
                                    print ("SEND=",1000*S+100*E+10*N + D)
                                    print("MORE=",1000*M+100*O+10*R+E)
                                    print("MONEY=",10000*M+1000*O+100*N+10*E+Y)
```

L'exécution de ce programme, donné dans le code 4, prend plus d'une minute, même avec un ordinateur moderne. C'est normal, puisque le test final est exécuté 9×10×10×10 ×9×10×10×10 fois, soit 81 millions de fois. Mais surtout, ce programme propose 155 solutions, dont la plupart sont incorrectes, car elles utilisent plusieurs fois la même valeur pour deux lettres différentes.

Pour compter les solutions, il faut prévoir une *variable compteur*. Elle est initialisée à 0 au début, puis elle est incrémentée (autrement dit, elle augmente de 1) chaque fois que le test est satisfait, et enfin affichée à la fin du programme.

Pour corriger les deux problèmes soulignés, il faut ajouter quelques tests afin de prendre en compte la contrainte selon laquelle chaque lettre représente un chiffre différent. Le programme 5 permet à la fois d'éliminer les solutions incorrectes et d'accélérer les calculs†.

Programme 5 – Version simple.

```
for S in range(1,10) :
    for E in range(10):
        if (E!=S):
            for N in range(10):
                if (N!=S) and (N!=E):
                    for D in range(10):
                        if (D!=S) and (D!=E) and (D!=N):
                            for M in range(1,10):
                                if (M!=S) and (M!=E) and (M!=N) and (M!=D):
                                    for O in range(10):
                                        if (O!=S) and (O!=E) and (O!=N) and (O!=D) and (O!=M):
                                            for R in range(10):
                                                if (R!=S)and(R!=E)and(R!=N)and(R!=D)and(R!=M)\
```

† Les `if` successifs dans le dernier tour de boucle ne sont qu'un *artefact* pour permettre de faire tenir le code sur la largeur de la page du livre.

```
                                    and(R!=O):
                                      for Y in range(10):
                                        if (Y!=S) and (Y!=E) and (Y!=N) and (Y!=D):
                                          if  (Y!=M) and (Y!=O) and (Y!=R):
                                            if((1000*S+100*E+10*N + D)
                                                + (1000*M+100*O+10*R+E)
                                                == (10000*M+1000*O+100*N+10*E+Y)):
                                              print("SEND=", \
                                                  1000*S+100*E+10*N + D)
                                              print("MORE=",\
                                                  1000*M+100*O+10*R+E)
                                              print("MONEY=", \
                                                  10000*M+1000*O+100*N\
                                                  +10*E+Y)
```

L'exécution de ce programme fournit cette fois l'unique solution de l'énigme, à savoir `S`=9, `E`=5, `N`=6, `D`=7, `M`=1, `O`=0, `R`=8 et `Y`=2, ce qui donne :

```
   9567
+  1085
  -----
  10652
```

La durée d'exécution du second programme est bien plus courte que celle du premier. En effet, le test final est maintenant exécuté seulement 9×9×8×7×6×5×4×3 fois, soit environ 1,6 million de fois.

Il est possible d'optimiser la résolution en éliminant des solutions encore plus tôt. Pour cela, il faut parcourir les variables dans un certain ordre afin de pouvoir vérifier que `Y` vaut la somme de `D` plus `E` modulo 10, puis de même avec 10*`N`+`D` plus 10*`R`+`E` modulo 100 vaut 10*`E`+Y et 100*`E`+10*`N`+`D`+100*`O`+10*`R`+`E` modulo 1000 vaut 100*`N`+10*`E`+`Y`, comme dans le programme 6. Ainsi le résultat est quasi immédiat alors que la première version prend plus d'une minute et que la seconde version prend quelques secondes.

En effet, au lieu de faire 720 = 10 × 9 × 8 tours de boucle pour les trois variables `Y`, `D`, `E`, le programme ne va faire que 72 tours grâce au test supplémentaire sur `Y`, ce qui peut être vérifié par un petit programme Python 3 utilisant une variable compteur. Cela représente un gain d'un facteur 10. Ajouter le second test permet de passer de 3024 tours à seulement 290. Enfin, l'ajout du troisième test permet de réduire le nombre de tours de 1450 à 183. Ceci explique pourquoi ce programme est nettement plus rapide que le précédent.

Pour finir, le code secret correspondant au nom `MONROE` est 106 805.

Programme 6 – Version optimisée.

```
for D in range(10) :
    for E in range(10):
        if (E!=D):
            for Y in range(10):
```

```
        if (Y!=D)and(Y!=E)and(Y==(E+D)%10):
            for N in range(10):
                if (N!=D)and(N!=E)and(N!=Y):
                    for R in range(10):
                        if (R!=D)and(R!=E)and(R!=Y)and(R!=N) \
                          and((10*N+D+10*R+E)%100==10*E+Y):
                            for O in range(10):
                                if (O!=D)and(O!=E)and(O!=Y)and(O!=N)and(O!=R)and \
                                  ((100*E+10*N+D+100*O+10*R+E)%1000==100*N+10*E+Y):
                                    for S in range(1,10):
                                        if (S!=D)and(S!=E)and(S!=Y)and(S!=N)and \
                                          (S!=R)and(S!=O):
                                            for M in range(1,10):
                                                if (M!=D)and(M!=E)and(M!=Y)and(M!=N) \
                                                  and(M!=R):
                                                    if (M!=O)and(M!=S)and((1000*S+100*E+
                                                        10*N+D)+(1000*M+100*O+10*R+E)
                                                      == (10000*M+1000*O+100*N+10*E+Y)):
                                                        print("SEND=",1000*S+100*E+10*N+D)
                                                        print("MORE=",1000*M+100*O+10*R+E)
                                                        print("MONEY=",10000*M+1000*O+
                                                                100*N+10*E+Y)
```

Complexité des algorithmes

Les trois programmes utilisés pour résoudre cette énigme illustrent la notion de temps de calcul d'un algorithme. Vous avez constaté que le deuxième est environ cinquante fois plus rapide que le premier, et que le troisième est près de mille fois plus rapide que le deuxième.

En étudiant un algorithme, il est important d'estimer *a priori* un ordre de grandeur du temps de calcul qui sera nécessaire pour exécuter le programme correspondant. C'est l'objet de la partie de l'informatique qui s'appelle la *complexité algorithmique*. En effet, un même problème peut en général être résolu par plusieurs algorithmes, et les temps d'exécution qu'ils induisent font partie des paramètres pour guider le choix des programmeurs, bien que ce ne soit pas le seul. Ainsi, si l'algorithme le plus simple est associé à un temps de calcul qui s'évalue en millénaires, il vaut souvent mieux se tourner vers un algorithme plus sophistiqué.

Ce temps de calcul ne peut pas être exprimé par une durée précise, puisqu'elle dépendrait, par exemple, du processeur de l'ordinateur sur lequel serait exécuté le programme. À la place, ce qui est évalué, c'est le nombre d'*opérations élémentaires* effectuées, qui dépend moins des détails de l'implémentation et du matériel. Pour le programme de l'énigme, l'opération élémentaire qui a été considérée était le test de l'égalité demandée.

Certaines fois, le facteur le plus important n'est pas le temps d'exécution, mais la quantité de mémoire nécessaire pour effectuer les calculs. Dans ce cas, le terme utilisé est *complexité en espace*, mais la problématique est assez similaire. La baisse est fondée sur l'ordinateur utilisé, ainsi un ordinateur avec plus de mémoire ira plus vite.
Dans le cas d'un algorithme générique, le temps d'exécution dépend bien entendu de l'entrée. Voici par exemple un problème simple, qui peut être résolu de deux manières différentes, amenant à deux complexités différentes : il s'agit de calculer la somme des *n* premiers entiers : $1+2+3+\ldots+n$.
La première version consiste à effectuer une boucle `for` de 1 à *n* et de cumuler au fur et à mesure les résultats intermédiaires dans une variable. Dans ce cas, le programme effectuera *n* additions, et nous dirons que le temps de calcul est *linéaire en n*.
Dans la seconde version, il s'agit d'utiliser une formule appelée formule de Gauss : la somme des *n* premiers entiers vaut : $\frac{n(n+1)}{2}$. Un programme utilisant ce résultat ne fera que trois opérations (une addition, une multiplication et une division), quelle que soit la valeur de *n*. Sa complexité est *constante*, car elle ne dépend pas de *n*.

PROLOG

Beaucoup de langages de programmation comme le C, le Java, etc. ressemblent à Python dans leurs principes. Ce sont des langages *impératifs*, parce que les programmes sont composés d'instructions que la machine doit exécuter. Cependant, il existe des langages qui fonctionnent selon d'autres *paradigmes de programmation*. L'un d'eux est la *PROgrammation LOGique*, dont fait partie le langage PROLOG, inventé par Alain Colmerauer et Philippe Roussel à Marseille dans les années 1970. Au lieu de donner des ordres à la machine sur la façon de calculer le résultat du programme, l'idée est de se contenter de décrire les contraintes du problème sans dire directement comment le résoudre. La programmation logique permet de résoudre efficacement des problèmes du type de celui des cryptarithmes, à l'aide de programmes élégants qui ne font que quelques lignes.
Ainsi, en PROLOG, le programme s'écrit simplement comme suit :

```
1   :- use_module(library('clp/bounds')).
2
3   sendmore(Digits) :-
4      Digits = [S,E,N,D,M,O,R,Y],
5      Digits in 0..9,
6      S #\= 0,
7      M #\= 0,
8      all_different (Digits),
9                  1000*S + 100*E + 10*N + D
10              + 1000*M + 100*O + 10*R + E
11     #= 10000*M + 1000*O + 100*N + 10*E + Y,
12     label(Digits).
```

Ce programme indique d'abord que les lettres représentent des entiers entre 0 et 9 (lignes 4 et 5), et que `S` et `M` sont différents de zéro (lignes 6 et 7). Ensuite, il précise que toutes les variables sont différentes (ligne 8), puis il indique la relation les liant (lignes 9, 10 et 11). Enfin, il ne reste plus qu'à demander à PROLOG d'afficher les valeurs satisfaisant toutes ces contraintes (ligne 12).
Pour tester ce programme, vous pouvez vous rendre sur la page `https://swish.swi-prolog.org/`, qui propose un compilateur PROLOG en ligne, un tutoriel et de nombreux exemples. Il est aussi possible de le télécharger pour l'installer sur n'importe quel système d'exploitation.

Gauss (30/04/1777 - 23/02/1855)

Figure 17 – Johann Carl Friedrich Gauss.

Johann Carl Friedrich Gauss est un mathématicien, astronome et physicien allemand. Considéré comme l'un des plus grands mathématiciens de tous les temps, après avoir été un enfant prodige, il est dès son époque surnommé « le prince des mathématiciens ». Son influence est immense dans de nombreux domaines des mathématiques : théorie des nombres, probabilités, géométrie, etc. Outre la formule de Gauss dont nous venons de parler, citons aussi la technique du *pivot de Gauss*, permettant de résoudre un système d'équations linéaires de manière systématique, ou les *courbes gaussiennes*, représentant la distribution de probabilité d'une loi normale.

Bertrand Russell(18/05/1872 - 02/02/1970)

Bertrand Arthur William Russell était un logicien, mathématicien et philosophe britannique. Il est l'un des fondateurs de la logique moderne. En 1901, il pose les bases de la logique dans son ouvrage *Principles of Mathematics* co-écrit avec Alfred North Whitehead. Dans ce livre, il introduit le calcul des propositions et formule le *paradoxe de Russell* qui s'énonce simplement comme suit : « l'ensemble des ensembles n'appartenant pas à eux-mêmes appartient-il à lui-même ? » Il s'agit d'une question à laquelle il n'est possible de répondre ni par oui, ni par non. Ces travaux ont inspiré Kurt Gödel. Il reçut le prix Nobel de littérature en 1950.

Figure 18 – Bertrand Russell.

Kurt Gödel (1906-1978)

Kurt Gödel est un mathématicien autrichien qui est surtout connu pour ses deux théorèmes dits *d'incomplétude* de 1931, des résultats conceptuellement difficiles et fondamentaux pour l'informatique. Il a en effet démontré que, dans tout système formel de raisonnement mathématique suffisamment puissant pour pouvoir faire de l'arithmétique, il est possible d'écrire des propriétés qui ne peuvent pas être démontrées, et dont le contraire ne peut pas non plus être démontré. Les systèmes de raisonnement concernés sont qualifiés d'incomplets, puisque certaines propriétés leur échappent. Il est important de noter qu'il s'agit d'un résultat qui porte sur la démontrabilité des propriétés, et non sur leur validité, deux notions à distinguer en logique mathématique, justement à cause de l'existence de systèmes incomplets.

Figure 19 – Kurt Gödel.

Incomplétude

Il est possible de donner une idée simplifiée de la notion d'incomplétude avec des programmes informatiques au lieu de propriétés mathématiques, comme ci-dessous. En effet, le calcul effectué par un programme peut être vu comme une démonstration du résultat de ce même calcul.
Supposons l'existence d'un programme DÉMONTRE-TOUT, capable de calculer (donc de démontrer) si une phrase est vraie ou fausse, sans jamais se tromper, en répondant VRAI ou FAUX quand il reçoit cette phrase en entrée. La phrase *de type Gödel* qui fait échouer le programme DÉMONTRE-TOUT est : « Le programme DÉMONTRE-TOUT ne répond pas VRAI pour cette phrase. ».
Pour en voir la raison, il faut analyser le comportement du programme DÉMONTRE-TOUT. Il y a deux possibilités :

- Ou bien la phrase « Le programme DÉMONTRE-TOUT ne répond pas VRAI pour cette phrase. » est une affirmation vraie. Le programme DÉMONTRE-TOUT doit donc répondre VRAI, ce qui est contradictoire avec le sens de la phrase, pourtant supposée vraie;
- Ou bien la phrase « Le programme DÉMONTRE-TOUT ne répond pas VRAI pour cette phrase. » est une affirmation fausse. Le programme DÉMONTRE-TOUT ne peut que répondre FAUX, ce qui est conforme au sens de la phrase, pourtant supposée fausse.

Finalement, ce raisonnement montre que le programme DÉMONTRE-TOUT ne peut pas se prononcer sur cette phrase : il ne peut démontrer ni qu'elle est vraie, ni qu'elle est fausse. Autrement dit, cette phrase échappe au système formel de démonstration représenté par le programme DÉMONTRE-TOUT. L'être humain, pour sa part, grâce au raisonnement précédent, extérieur au fonctionnement du programme DÉMONTRE-TOUT, est capable de déterminer que la phrase est vraie.

Le paradoxe du menteur

Le lecteur aura peut-être trouvé, à raison, que ce qui précède a un parfum de *paradoxe du menteur*, connu des logiciens depuis l'Antiquité. En voici une très jolie version, qui se trouve dans le roman *Don Quichotte* de Miguel de Cervantes (1547-1616), publié au XVIIe siècle en Espagne.

« Par une ancienne loi de cette île, tout homme qui vient après la retraite sonnée pour passer ce pont est obligé de nous déclarer, sous la foi du serment, où il va. S'il dit la vérité, nous le laissons passer sans obstacle ; s'il fait le moindre mensonge, il est pendu sur-le-champ à une potence dressée à l'autre bout de ce pont. Cette loi est connue de tous les habitants de votre île. Tout à l'heure, l'homme que voici s'est presenté pour passer : nous l'avons interrogé suivant l'usage ; il a levé la main et nous a répondu qu'il allait se faire pendre à cette potence. Si nous le pendons en effet, il a dit vrai, et ne mérite pas la mort ; si nous le laissons passer, il a menti, et la loi veut qu'il soit pendu. [...] Mais écoutez : quelle que soit notre décision, nous manquerons toujours à la loi ; s'il est pendu, nous sommes en faute, puisqu'il aura dit la vérité ; s'il n'est pas pendu, nous sommes encore en faute, puisqu'il nous aura menti. Nous n'avons donc que le choix de deux fautes : or, dans ce cas, nous devons choisir celle qui ne fait de mal qu'à nous. Qu'on laisse passer cet homme ; s'il aime tant à être pendu, nous le punissons assez en le contrariant pour aujourd'hui. »

Objectifs informatiques

Cette énigme introduit trois concepts importants en informatique :

- la technique de *recherche exhaustive*, souvent lente et brutale, mais qui a le grand mérite de garantir la découverte de toutes les solutions, lorsqu'il y en a , ou de prouver qu'il n'y en a aucune ;
- la *complexité*, qui a pour but d'évaluer le nombre d'opérations faites et donc l'efficacité des programmes ;
- la *généricité*, qui consiste à écrire un programme afin de résoudre toute une famille de problèmes, et non de répondre à une unique question.

3 À vos spatules

« There are two ways of constructing a software design : one way is to make it so simple that there are obviously no deficiencies, and the other way is to make it so complicated that there are no obvious deficiencies. The first method is far more difficult. »

« Il y a deux façons de construire un logiciel : la première consiste à le rendre si simple qu'il n'y a manifestement aucune déficience, et la seconde à le rendre si compliqué qu'il n'y a pas de déficiences évidentes. La première méthode est beaucoup plus difficile. »

Sir Charles Antony Richard Hoare, 1980 Turing Award Lecture; Communications of the ACM 24 (2), février 1981 : pp. 75-83.

Pour ordonner une pile de crêpes en utilisant uniquement une spatule, un algorithme consiste à placer la spatule sous la plus grande crêpe, puis à retourner la partie de la pile au-dessus de la spatule, de façon à ce que la plus grande crêpe se retrouve tout en haut de la pile. Ensuite, la spatule est placée sous la crêpe tout en bas de la pile, puis l'ensemble de la pile est retourné, ce qui amène la plus grande crêpe à sa place définitive en bas de la pile. Il faut ensuite répéter le processus en ignorant la ou les crêpes qui sont déjà à leur place définitive, et ceci jusqu'à ce que toutes les crêpes soient bien placées. Ainsi, il faut répéter ce processus autant de fois qu'il y a de crêpes pour obtenir le résultat attendu.

En expérimentant cet algorithme avec des crêpes en carton, il apparaît que si une crêpe est déjà à sa place définitive (par exemple, si la plus grande crêpe est, dès le départ, en bas de la pile), les deux retournements correspondants effectués avec la spatule reviennent à ne rien faire du tout. Les humains sont souvent troublés lorsque cela se produit, mais pas les ordinateurs, bien entendu. Du point de vue algorithmique, il est beaucoup plus simple d'ignorer ce type de situations, quitte à faire quelques manipulations inutiles, que de le traiter comme un cas particulier.

Pour résoudre cette énigme, il faut tout d'abord modéliser la pile de crêpes : le plus simple est de voir une pile de crêpes de diverses tailles comme une liste de nombres représentant, dans le même ordre, les diamètres des différentes crêpes. Sans perte de généralité, il est possible de supposer que ces nombres sont des entiers. Dans cette énigme, il s'agit donc d'ordonner une liste d'entiers, comme [5,4,9,6,2,7,4,1] : une action qui s'appelle en informatique *trier*. Il faut également convenir, par exemple, que l'élément d'indice 0 de la liste, ici 5, correspond initialement au diamètre de la crêpe du bas de la pile. Attention, le mot *pile* est utilisé ici dans son sens du langage ordinaire et non dans le sens de la structure de données du même nom en informatique.

Par ailleurs, l'énoncé indique que le seul instrument autorisé est une spatule. Elle se glisse sous une crêpe et permet de retourner la partie de la pile de crêpes qui se trouve au-dessus. La seconde étape est donc de modéliser l'action de la spatule, c'est-à-dire retourner les éléments d'une liste d'entiers entre une position donnée `x` et la fin de la liste. Par exemple, en retournant la liste suivante [5,4,9,6,2,7,4,1] à partir de l'élément d'indice 3, le résultat est [5,4,9,1,4,7,2,6]. Cette opération est effectuée par la fonction `retourne(liste,x)` du programme 7 : elle permute l'élément en position `x` et le dernier élément, puis l'élément en position `x+1` avec l'avant-dernier élément, etc. Ensuite, il est nécessaire de trouver la plus grande crêpe dans une partie de la pile. Ce calcul est effectué par la fonction `maximum(liste,k)` : elle calcule la position de la plus grande valeur des éléments de la liste entre la position `k` et la fin de la liste. Par exemple, la position du plus grand élément de la liste [5,4,9,6,2,7,4,1] entre l'indice 3 et la fin de la liste est 5, et il s'agit de l'élément 7.

Modéliser l'action de la spatule

Le programme 7 contient :

- une fonction qui renvoie l'indice du maximum d'une liste à partir d'un certain indice donné en paramètre ;
- une fonction qui retourne une liste à partir d'un certain indice ;
- une fonction qui effectue le tri des crêpes.

Programme 7 – Le tri du crêpier.

```
## parcourt linéairement la liste à partir de l'indice k<len( liste )
## renvoie l'indice du plus grand élèment de la liste entre l'indice k et la fin de la liste
def maximum(liste,k):
    maximum = liste[k]
    j = k
    for i in range(k,len( liste )):
        if liste [i] > maximum :
            maximum = liste[i]
            j = i
    return j
```

```

## retourne la partie de la liste comprise entre l'indice k<len( liste ) et la fin de la liste
## ne renvoie rien et modifie la liste par effet de bord
def retourne(liste ,x) :
    longueur = len( liste )
    for i in range((longueur-x)//2) :
        temp = liste [x+i]
        liste [x+i] = liste [longueur-1-i]
        liste [longueur-1-i] = temp

## effectue le tri du crêpier sur la liste
## ne renvoie rien et modifie la liste par effet de bord
def tri_crepe ( liste ):
    for i in range(len(liste )):
        j = maximum(liste,i)
        retourne(liste , j )
        retourne(liste , i )

pile = [7,6,1,3,2,8,9,5,4]
print(pile )
tri_crepe (pile )
print(pile )
```

Effet de bord

Il s'agit de la traduction traditionnelle en informatique de l'expression anglaise *side effect*. Une traduction plus appropriée serait plutôt *effet secondaire* ou *effet collatéral*.

Un effet de bord à l'intérieur d'une fonction est une modification d'une valeur accessible globalement, ou encore une instruction de saisie ou d'affichage. L'effet principal d'une fonction étant en principe de renvoyer une valeur, à l'aide de l'instruction `return` en Python 3, les modifications du contexte d'exécution global du programme par l'exécution d'un autre type d'instruction de la fonction sont qualifiées d'effets de bord.

Les listes en Python 3 sont des objets dits *mutables*, qui ont en particulier la propriété de pouvoir être modifiés par effet de bord par une fonction à laquelle ils sont passés en paramètre. C'est ce qui est fait dans le programme 7 de la page précédente pour les fonctions `retourne` et `tri_crepe`.

Tri radix

Le tri radix (ou tri par base) est l'algorithme utilisé pour construire les trieuses automatiques au début du XXe. Soit par exemple la liste des nombres suivants : 11, 912, 26, 77, 42, 136, 666, 92. Le tri radix en base 10 sur cette séquence est décrit dans le tableau ci-dessous. La première opération consiste à trier la liste suivant le chiffre des unités. Ensuite, il faut trier la liste obtenue selon le chiffre des dizaines, mais conserver l'ordre des éléments ayant le même chiffre des unités. Enfin, il faut répéter ce tri avec les chiffres des centaines.

État initial :	11	912	26	77	42	136	666	92
	11	912	42	92	26	136	666	77
	11	912	26	136	42	666	77	92
État final :	11	26	42	77	92	136	666	912

BIG DATA

En 2022, un des principaux défis en informatique est le traitement des données issues du « BIG DATA », en lien avec l'essor d'Internet et de l'IoT (Internet of Things, c'est-à-dire les objets connectés) : les données produites, collectées et analysées par des acteurs publics ou privés connaissent une croissance inimaginable quelques années auparavant. Les principales caractéristiques du BIG DATA sont représentées par 5 V qui correspondent aux points suivants :

1. **Volume.** La quantité de données produites est énorme à cause de l'explosion de capteurs sur les objets connectés du quotidien.
2. **Variété.** Les données sont de plus en plus riches et elles sont de plus en plus hétérogènes, créant ainsi une large variété de ressources pouvant être utilisées dans différents contextes.
3. **Vélocité.** La rapidité avec laquelle les données sont produites est un nouveau défi pour pouvoir les traiter en temps réel. De plus, elle contribue à augmenter considérablement le volume de données disponibles.
4. **Valeur.** De nombreuses entreprises, comme Google, Facebook ou Amazon, pour n'en citer que quelques-unes, ont su exploiter les données du BIG DATA et en tirer une valeur.

5. **Véracité.** Ce dernier point concerne la validité des données collectées et vise à en assurer la fiabilité. En effet, parmi cette masse de données qu'est le BIG DATA, il n'est pas surprenant de trouver des données erronées.

Chacun de ces points à lui seul constitue un défi et la combinaison de ces caractéristiques les rend encore plus complexes.

Algorithmes de tri

Il existe de nombreux algorithmes de tri. La page Wikipédia * en répertorie plus d'une vingtaine, sans même inclure l'algorithme de tri *par retournement de suffixe*, utilisé dans cette énigme. Les principes de fonctionnement des algorithmes de tri les plus courants sont les suivants :

- Un des algorithmes de tri les plus simples correspond à ce que font certains joueurs de cartes : ils prennent les cartes une à une et les ordonnent au fur et à mesure. Cet algorithme est connu sous le nom de *tri par insertion* : partant d'une liste déjà ordonnée de cartes (et au départ vide), chaque nouvelle carte est tour à tour insérée à sa place relativement aux cartes déjà présentes dans cette liste.
- Le *tri par maximum* détermine le maximum parmi la liste de nombres à trier et le place à la fin de la liste en l'échangeant avec le nombre en dernière position, puis recommence avec les nombres restants. En répétant ce processus autant de fois qu'il y a de nombres, les nombres sont triés du plus petit au plus grand. Il est également possible de trier la liste en cherchant le minimum à chaque fois et en l'échangeant avec le nombre en début de liste, il s'agit alors du *tri par minimum*.
- Un algorithme de tri plus rapide que les deux tris précédents est le *tri par fusion*. Il repose sur les deux remarques suivantes :
  - Une liste d'une carte est nécessairement ordonnée.
  - Il est facile de fusionner en une liste ordonnée deux listes, chacune étant déjà elle-même ordonnée. Pour cela, il suffit de comparer la première carte de chaque liste, de ranger la plus petite des deux dans une nouvelle liste et de recommencer sur ce qui reste des deux listes initiales.

Ainsi, la liste initiale est d'abord décomposée en plusieurs listes d'une seule carte, qui sont ordonnées. Puis les listes ordonnées composées d'une seule carte sont fusionnées en listes ordonnées composées de deux cartes. Ces dernières sont à leur tour fusionnées en listes ordonnées de quatre cartes, et ainsi de suite, jusqu'à ce qu'il n'y ait plus qu'une seule liste, qui est alors ordonnée.

- Le principe du *tri à bulles* est de parcourir la liste en échangeant, lors du parcours, deux éléments consécutifs s'ils sont rangés dans le mauvais ordre et de répeter ce processus jusqu'à ce qu'il n'y ait plus d'échanges lors d'un parcours. Ainsi, la liste est triée.

  Une variante du tri à bulles est le *tri shaker* qui consiste, au lieu de revenir au début de la liste, à effectuer un parcours dans le sens inverse en effectuant les échanges selon l'ordre inverse.

---

* `https://fr.wikipedia.org/wiki/Algorithme_de_tri`

Complexité des algorithmes de tri

Les algorithmes n'ont pas tous la même efficacité. Une technique pour mesurer leur efficacité consiste à regarder quel est leur comportement quand la taille des entrées est grande. Il s'agit de pouvoir comparer asymptotiquement les algorithmes. Pour noter cela, le mathématicien Edmund Georg Hermann Landau introduit la notion « grand O ». Ainsi, si un algorithme se comporte comme une fonction linéaire en n, il appartient à la classe de complexité $O(n)$. Cela permet de comparer de manière simple différents algorithmes. Certains algorithmes de tri ont une complexité en $O(n^2)$ dans le pire des cas, comme le tri maximum, le tri à bulles ou encore le tri insertion alors que d'autres sont en $O(n\log(n))$, comme le tri fusion ou, en moyenne, le tri rapide. Il a été montré que la complexité optimale des algorithmes de tri par comparaison est de $O(n\log(n))$ dans le pire des cas. Il s'agit d'un des très rares problèmes en algorithmique pour lesquels la complexité optimale est connue. Tous les exemples présentés, sauf le tri radix, sont des tris par comparaison, ce qui signifie que l'algorithme ne repose que sur des comparaisons entre les éléments de la liste.

Sir Charles Antony Richard Hoare (11/01/1934 -)

Figure 20 – Tony Hoare.

Il a conçu en 1962 l'algorithme de tri rapide (Quicksort), réputé être l'algorithme le plus utilisé au monde. L'idée de cet algorithme consiste à choisir un élément appelé *pivot* et à le ranger à sa place définitive, en plaçant tous les éléments inférieurs au pivot à sa gauche et tous ceux qui sont supérieurs au pivot à sa droite. Ensuite, il ne reste plus qu'à recommencer avec les éléments à gauche du pivot, d'une part, et ceux à droite du pivot, d'autre part. Plus précisément, il fonctionne comme suit :

- Choisir un élément p au hasard parmi les éléments à trier. Cet élément est appelé le pivot.
- Séparer les éléments restants en deux listes, d'une part ceux qui sont plus petits que p, d'autre part ceux qui sont plus grands.
- Trier chacune des listes obtenues en utilisant ce même algorithme.
- agréger les deux listes triées, en les mettant bout à bout, avec le pivot entre elles.

L'algorithme de tri rapide est un algorithme probabiliste, ce qui signifie qu'un choix aléatoire (pour le pivot) est fait lors de son exécution. Ainsi, le temps d'exécution dépend de ce choix. Par exemple, si le pivot choisi est toujours le nombre le plus à droite dans la liste, alors la complexité de l'algorithme n'est pas efficace, car elle est en $O(n^2)$. En revanche, si l'élément médian est toujours choisi comme pivot, alors la complexité de l'algorithme est en $O(n log(n))$ en moyenne.

Tony Hoare a aussi écrit un compilateur pour le langage Algol 60. Il a également inventé la *logique de Hoare* qui sert à la vérification de la correction de programmes. Cette méthode permet de prouver formellement qu'un programme fait ce qu'il est censé faire. Il a en outre proposé le langage formel appelé CSP *, qui permet de spécifier l'interaction de processus concurrents, et qui a inspiré de nombreux autres travaux dans le domaine du parallélisme. Il a reçu le Prix Turing en 1980 pour ses travaux sur les langages de programmation.

* Communicating Sequential Processes

Le Prix Turing

Le prestigieux Prix Turing, ainsi nommé en hommage à Alan Turing, un des pères fondateurs de l'informatique, est décerné chaque année depuis 1966. Il est vu comme l'équivalent pour l'informatique du Prix Nobel. En plus de Tony Hoare, voici quelques exemples de noms célèbres de l'informatique ayant reçu le Prix Turing pour leurs travaux : en 1968, Richard Hamming (systèmes de codage automatique, de détection et correction d'erreurs); en 1969, Marvin Minsky (intelligence artificielle); en 1974, Donald Knuth (analyse des algorithmes, conception de langages de programmation); en 1982, Stephen Cook (complexité du calcul informatique); en 1985, Richard Karp (théorie des algorithmes, NP-complétude); en 1991, Robin Milner (systèmes de preuves formelles Logic for Computable Functions, langage de programmation ML, calcul de systèmes communicants); en 2000, Andrew Yao (théorie de la calculabilité, génération de nombres pseudo-aléatoires, cryptographie, complexité de la communication); en 2002, Ronald L. Rivest, Adi Shamir et Leonard M. Adleman (cryptographie à clé publique et système RSA); en 2012, Silvio Micali et Shafi Goldwasser (cryptologie et vérification de preuves, systèmes de preuves interactives); en 2013, Leslie Lamport (systèmes distribués et concurrents). Les seuls Français qui ont obtenu ce prix sont Joseph Sifakis et Yann Le Cun. Joseph Sifakis l'a reçu en 2007 avec Edmund Clarke et Allen Emerson pour avoir proposé une méthode d'énumération et de vérification de modèles (model checking). Yann Le Cun l'a obtenu avec ses collègues canadiens Yoshua Bengio et Geoffrey Hinton, en 2018, pour les percées conceptuelles et techniques en intelligence artificielle, qui ont fait des réseaux neuronaux profonds une composante essentielle de l'informatique.

Objectifs informatiques

Cette énigme introduit des points importants en programmation :

- l'importance de la modélisation;
- une différence entre un humain et un ordinateur;
- l'utilisation de fonctions en Python 3;
- la modification d'une liste par effet de bord en Python 3;

- les algorithmes de tri, très utilisés en informatique, et qui représentent un pilier de l'enseignement de l'algorithmique.

L'importance des algorithmes de tri dans notre vie n'est plus à démontrer : la moindre requête sur votre moteur de recherche préféré nécessite de trier les résultats pour les afficher. Une motivation plus mathématique est le calcul de la médiane d'une suite de valeurs, qui est immédiat sur une liste triée. Pour ce calcul, il existe un algorithme naïf moins efficace, qui consiste à retirer le maximum et le minimum de la liste jusqu'à obtenir un ou deux éléments.
Enfin, il existe de nombreuses ressources pédagogiques sur les tris. Par exemple sur le site d'Interstice *, il est possible de voir le déroulement de nombreux algorithmes de tri sur des exemples. Le site `http://www.sorting-algorithms.com` donne les références aux articles originaux sur la complexité des algorithmes de tri et une visualisation permettant de comparer l'efficacité de différents algorithmes. Plus sérieusement, le site `https://algorythmics.ms.sapientia.ro/` propose des danses folkloriques basées sur des algorithmes de tri.

*`https://interstices.info/jcms/c_6973/les-algorithmes-de-tri?hlText=tri`

4 Les Shadoks comptaient ☆

« Les ordinateurs, plus on s'en sert moins,
moins ça a de chance de mal marcher. »
Jacques Rouxel , Shadoks.

Il faut d'abord comprendre que les Shadoks utilisent la base 4, puisque leur système de numération n'a que quatre mots, donc quatre chiffres : GA représente zéro (0 en décimal), BU représente un (1 en décimal), ZO représente deux (2 en décimal) et MEU représente trois (3 en décimal). Ensuite, pour représenter quatre, là où le chiffre 4 est utilisé en décimal, les Shadoks n'ont plus de nouveau chiffre. À la place, ils disent qu'il y a un paquet de quatre et zéro unité : BU GA. C'est l'analogue de ce qui se passe en décimal après 9 : il n'y a pas de nouveau chiffre pour représenter dix, à la place cette valeur se note 10, ce qui signifie qu'il y a un paquet de dix (une dizaine) et aucune unité. La notation à deux chiffres fonctionne en décimal jusqu'à 99 (neuf dizaines et neuf unités), avant de devoir passer à une notation à trois chiffres : 100 signifie un paquet de dix dizaines (une centaine), zéro dizaine et zéro unité. En base 4, la notation à deux chiffres permet seulement d'aller jusqu'à MEU MEU (qui correspond à $3\times4+3=15$), avant de passer à la notation à trois chiffres avec BU GA GA pour représenter seize.

Ainsi, le premier objectif informatique de cette énigme est d'écrire un programme de conversion de la base 4 au décimal, c'est-à-dire à la base dix.

Un algorithme pour convertir un nombre Shadok en décimal consiste à remplacer chaque chiffre Shadok par sa valeur en décimal, puis à le multiplier par la puissance de quatre correspondant à sa position dans le nombre Shadok, et à faire la somme de toutes ces valeurs. Ainsi, le nombre BU ZO MEU devient $1\times4^2+2\times4^1+3\times4^0 =27$.

Finalement, le nombre BU MEU ZO MEU GA GA, une fois converti en décimal, donne 1968, l'année de diffusion de la première saison de la série.

Cependant, il y a une difficulté informatique supplémentaire : les nombres Shadoks sont des chaînes de caractères, dont il faut extraire l'information pertinente pour faire les calculs. Cela peut être fait de façon élégante en Python 3 à l'aide d'un *dictionnaire*, une structure de données qui permet d'associer des *valeurs* à des *clés*. Ainsi, dans le programme 8, la ligne suivante : `shadok2quatre={"GA":0,"BU":1,"ZO":2,"MEU":3}` crée un dictionnaire appelé `shadok2quatre` qui associe la valeur `0` à la clé `"GA"`, la valeur `1` à la clé `BU`, etc. Par la suite, l'expression `shadok2quatre["GA"]` est évaluée en `0`.

Numération Shadok

Le programme contient deux fonctions :

- `convshadokhum` convertit un nombre de la numération Shadok vers la numération humaine en base dix, et permet de résoudre l'énigme ;
- `convhumshadok` fait le contraire, pour pouvoir tester d'autres exemples.

Programme 8 – Conversion du Shadok au décimal.

```
## conversion d'un nombre shadok en décimal
def convshadokhum(shadoknomb) :
    ## un dictionnaire permet de traduire les  chiffres  shadoks en chiffres  humains
    shadok2quatre={"GA":0,"BU":1,"ZO":2,"MEU":3}

    ## la méthode split(" ") permet de mettre dans une liste les  éléments d'une
    ## chaîne de caractères, séparés par le séparateur passé en paramètre.
    ## Ici,  le  séparateur est l'espace " "
    shadokchif = shadoknomb.split(" ")
    long=len(shadokchif)

    ## ATTENTION : le chiffre de poids fort du nombre est celui qui se trouve
    ## à gauche, autrement dit l'élément d'indice 0 de la  liste  shadokchif
    ## c'est pourquoi la puissance de 4 est long-i-1 et non i
    res=0
    for i in range(long) :
        res=res+shadok2quatre[shadokchif[i]]*4**(long-i-1)
    return res

## conversion d'un nombre décimal en nombre shadok
def convhumshadok(humnomb) :
    ## un dictionnaire permet de traduire les  chiffres  humains en chiffres shadoks
    quatre2shadok={0:"GA",1:"BU",2:"ZO",3:"MEU"}

    ## ATTENTION : par cette méthode de conversion, les chiffres sont obtenus
    ## de droite à gauche, c'est pourquoi la concaténation est
    ## quatre2shadok[chif]+" "+shadok et non shadok+" "+quatre2shadok[chif]
    shadok=""
    while humnomb!=0 :
        chif=humnomb%4
        shadok=quatre2shadok[chif]+" "+shadok
        humnomb=humnomb//4
```

```
    return shadok

secret = "BU MEU ZO MEU GA GA"
print(convshadokhum(secret))

nombre=1968
print(convhumshadok(nombre))
```

L'algorithme utilisé dans la fonction `convshadokhum` est basé sur des divisions euclidiennes par quatre itérées. Il fournit les chiffres de l'écriture en base quatre de la droite vers la gauche (des poids faibles vers les poids forts). Ainsi, pour convertir le nombre 42 en base quatre, il faut commencer par effectuer la division euclidienne de 42 par 4, ce qui donne $42=4\times10+2$ (le quotient est 10 et le reste est 2). Le chiffre des unités Shadok est le reste, ZO. Ensuite, il faut prendre le quotient et effectuer une nouvelle division euclidienne par 4, ce qui donne $10=4\times2+2$ (le quotient est 2 et le reste est 2). Le chiffre des quatraines Shadok est encore le reste ZO. La division suivante, $2=4\times0+2$, donne le chiffre Shadok des seizaines, ZO, avec le reste 2, puis l'algorithme s'arrête car le quotient est 0. Le nombre 42 en décimal correspond donc à ZO ZO ZO en Shadok. Dans une division euclidienne par 4, le reste est forcément un entier compris entre 0 et 3, donc un chiffre en base quatre, c'est ce qui fait fonctionner l'algorithme.

Il existe un autre algorithme de conversion de bases, qui donne les chiffres de la gauche vers la droite (des poids forts vers les poids faibles). Il s'agit d'un algorithme de type glouton.

Binaire et hexadécimal

La base quatre n'est pas très utilisée en informatique. En revanche, les bases deux et seize sont omniprésentes.

L'utilisation de la base deux, ou représentation binaire des nombres, est liée au fonctionnement des composants électroniques des ordinateurs, en particulier des transistors. En binaire, il n'existe que deux chiffres, 0 et 1, qui sont appelés des *bits*. Ce nom est la contraction de l'expression anglaise *bi*nary digi*t*, qui signifie simplement chiffre binaire. Le principe de représentation des nombres dans n'importe quelle base étant le même, 101010 en binaire correspond à $1\times2^5+0\times2^4+1\times2^3+0\times2^2+1\times2^1+0\times2^0 = 32 + 8 + 2$ soit 42 en décimal.

D'une certaine façon, le binaire est la représentation naturelle des nombres en informatique. Malheureusement, ce n'est pas une représentation très agréable pour les humains, car les nombres comprennent très vite beaucoup de bits. Par exemple, le nombre 2021 s'écrit 11111100101 en binaire. C'est pourquoi la base seize ou représentation hexadécimale des nombres, est souvent utilisée par les informaticiens : il s'agit d'un format plus compact que le binaire et les conversions directes de l'un à l'autre sont très simples.
L'hexadécimal utilise les dix chiffres 0, 1, 2, ..., 9, plus six autres symboles représentés par les six premières lettres de l'alphabet latin : A, B, C, D, E et F, pour les valeurs de dix à quinze. De plus, chaque chiffre hexadécimal correspond à quatre bits en binaire :

binaire	0000	0001	0010	0011	0100	0101	0110	0111
hexadecimal	0	1	2	3	4	5	6	7

binaire	1000	1001	1010	1011	1100	1101	1110	1111
hexadecimal	8	9	*A*	*B*	*C*	*D*	*E*	*F*

Ainsi, en découpant en groupes de quatre bits à partir de la droite, 11111100101 se décompose en 0111 1110 0101 (en complétant par des 0 si besoin le paquet de bits le plus à gauche). Chaque groupe de quatre bits est remplacé par un chiffre hexadécimal, ce qui permet de voir facilement que 2021 s'écrit 7E5 en hexadécimal.

1 JAN Boulier

Le boulier est un instrument qui aide au calcul. Sous différentes formes, il a été utilisé au cours des siècles par les Romains, les Chinois, les Russes ou encore les Japonais. La figure 21, représente un boulier chinois où le nombre 6 302 715 408 est inscrit. Ce type de boulier est encore très utilisé de nos jours en Asie.

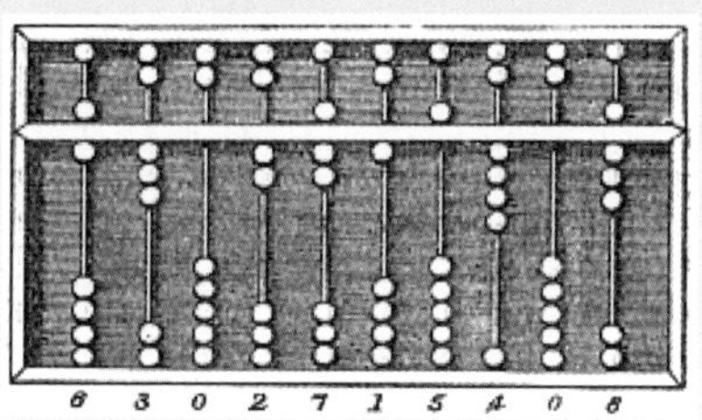

Figure 21 – Boulier chinois, *Encyclopædia Britannica* (1875).

Chaque colonne représente, en partant de la droite, les unités, les dizaines, les centaines, etc. Comme il n'y a que 5 boules en bas et deux en haut sur ce type de boulier, il ne compte pas exactement en base 10. Plus précisément, les boules en bas valent 1 et les boules en haut valent 5 (en réalité, un boulier s'utilise posé à plat, sinon les boules ne tiendraient pas quand elles sont positionnées vers le haut). Les boules qui sont comptées sont celles qui sont près de la barre horizontale centrale du boulier. Ainsi, dans l'exemple présenté, pour le chiffre des unités, il faut ajouter 3 à 5, ce qui donne bien 8. Le chiffre des dizaines vaut 0 car il n'y a aucune boule près de la barre. Le chiffre des centaines vaut 4, celui des milliers vaut 5, et ainsi de suite.
Il existe des algorithmes pour effectuer des opérations arithmétiques (addition, multiplication, soustraction, division) à l'aide d'un boulier. La seconde boule de valeur 5 dans chaque colonne est utilisée dans ces algorithmes. Certaines personnes très habiles calculent avec un boulier presque aussi vite que n'importe qui avec une calculatrice électronique.

Bibi-binaire

Le système de numération *bibi-binaire*, ou système *Bibi*, a été inventé par le chanteur Boby Lapointe en 1968. Il représente graphiquement les chiffres hexadécimaux et leur associe une syllabe, un peu comme les Shadoks : HO, HA, HE, HI, BO, BA, BE, BI, KO, KA, KE, KI, DO, DA, DE, DI. Le tableau ci-dessous décrit ce système de représentation des nombres, paru en 1970, dans l'ouvrage collectif *Les Cerveaux non-humains*.

Décimal	0	1	2	3	4	5	6	7	8	9	10	11	12	13	14	15
Héxadécimal [0-9A-F]	0	1	2	3	4	5	6	7	8	9	A	B	C	D	E	F
Binaire	0000	0001	0010	0011	0100	0101	0110	0111	1000	1001	1010	1011	1100	1101	1110	1111
Répartition	0 0 0 0	0 0 0 1	0 1 0 0	0 1 0 1	0 0 1 0	0 0 1 1	0 1 1 0	0 1 1 1	1 0 0 0	1 0 0 1	1 1 0 0	1 1 0 1	1 0 1 0	1 0 1 1	1 1 1 0	1 1 1 1
Notation bibi-binaire	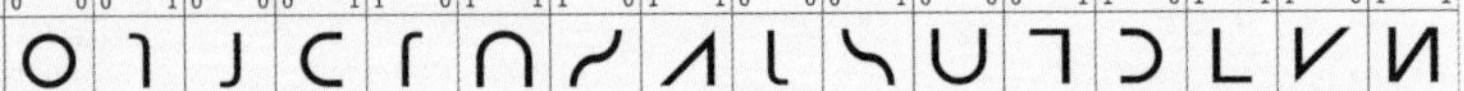															
Prononciation	HO	HA	HE	HI	BO	BA	BE	BI	KO	KA	KE	KI	DO	DA	DE	DI

Le terme bibi-binaire (3 fois « bi ») fait référence au fait que $16 = 2^{(2^2)}$, or, le terme de binaire étant utilisé pour la base 2, Boby Lapointe propose de parler de « bi-binaire » pour la base 4 (car $4 = 2^2$), et ainsi de « bibi-binaire » pour la base 16, qu'il abrège en Bibi. À titre d'exemple, l'année 2022 se prononce BIDEBE en Bibi.

Boby Lapointe (16/04/1922 - 29/06/1972)

Robert Lapointe, dit *Boby Lapointe*, est un acteur, auteur-compositeur-interprète français connu pour son art des calembours, des contrepèteries, des allitérations et autres figures de style littéraires dans les textes de ses chansons. Il apparaît dans le film « Tirez sur le pianiste » de François Truffaut, sorti en 1960, où il interprète deux chansons : *Avanie et Framboise*, et *Marcelle*. Ses plus grands succès sont : *L'Hélicon, Ta Katie t'a quitté, Saucisson de cheval, Comprend qui peut, Méli-mélodie, Le Tube de toilette, La Maman des poissons, Aragon et Castille* * pour n'en citer que quelques-uns.
Voici des exemples de ces célèbres bons mots et calembours # :

- « Au stade actuel de notre civilisation, rares sont les gens qui ne savent pas faire de fautes d'orthographe. »
- « Davantage d'avantages avantagent davantage. »
- « Mon père est marinier
  Dans cette péniche
  Ma mère dit la paix niche
  Dans ce mari niais. »

---

* `https://www.ina.fr/ina-eclaire-actu/video/i04359557/boby-lapointe-aragon-et-castille`

\# Issus de l'ouvrage *Boby Lapointe : Intégrale* de Boby Lapointe, Domens Eds Pezenas, 2002

Claude Piéplu (09/05/1923 - 24/05/2006)

Claude Piéplu est un acteur, comédien et humoriste français. Il a prêté sa voix au narrateur des aventures des Shadoks dans la série télévisée, un rôle qui lui valut un grand succès, grâce au ton pince-sans-rire et au phrasé inoubliable avec lesquels il déclamait les célèbres maximes des Shadoks, comme « Il vaut mieux pomper même s'il ne se passe rien que risquer qu'il se passe quelque chose de pire en ne pompant pas. ».

Figure 22 – Claude Piéplu.

Il a reçu de l'Ordre des Arts et des Lettres une décoration qui récompense « les personnes qui se sont distinguées par leur création dans le domaine artistique ou littéraire ou par la contribution qu'elles ont apportée au rayonnement des arts et des lettres en France et dans le monde ».

Objectifs informatiques

Cette énigme permet d'introduire deux notions :

- la numération positionnelle dans différentes bases, ainsi que des algorithmes de changement de base ;
- l'utilisation d'un dictionnaire en Python 3.

Le binaire, représentation des nombres pour un ordinateur, est un élément fondamental de la culture informatique. C'est pourquoi la notion de base et les algorithmes de changement de base sont le plus souvent enseignés dans les premières semaines des cursus en informatique.

5 La stéganographie ☆

« C'est drôle comme les choses peuvent changer d'aspect, parfois, lorsqu'on les regarde d'un point de vue différent de celui sous lequel on les a toujours connues. »
Michel Tremblay, Contes pour buveurs attardés, 1966.

Stéganographie

La *stéganographie*, du grec ancien *steganós* (couvert, qui ne laisse rien dépasser) et *graphein* (écrire), signifie que le message secret est simplement dissimulé, mais reste lisible par toute personne qui sait comment le trouver. Par opposition, en cryptographie, qui vient aussi du grec ancien *kruptos* (caché) et *graphein* (écrire), le message secret n'est pas directement accessible : pour pouvoir le lire, le destinataire doit effectuer une transformation plus ou moins complexe en fonction des garanties de sécurité souhaitées.

Hérodote (484-445 avant J.-C.)

Hérodote est considéré comme le premier historien. Dans ses *Histoires*, il relate deux techniques de stéganographie :

- Dans le Livre VII au paragraphe 239, il écrit que Démarate envoie un message caché à Xerxès. Le message est d'abord écrit sur une planchette de bois, puis recouvert de cire pour que la tablette semble être vierge et ainsi pouvoir la transmettre en toute discrétion.
- Dans le Livre V au paragraphe 35, Hérodote indique que Histiée utilise un esclave pour transmettre un message à son gendre Aristagoras. Il rase la tête de l'esclave, lui tatoue le message sur la peau du crâne et attend que ses cheveux repoussent. Ensuite, il l'envoie

à Aristagoras, qui n'aura plus qu'à lui raser la tête de nouveau pour accéder au message. L'esclave peut ainsi faire passer le message de son maître à travers les lignes ennemies en toute sécurité.

Dans ces deux exemples, les messages secrets sont dissimulés à la vue des indésirables, mais ils restent lisibles par toute personne qui sait comment les trouver.

Figure 23 – Hérodote.

Un autre exemple de dissimulation des messages secrets, bien connu et simple à réaliser à la maison, est l'utilisation d'*encre invisible*, aussi appelée *encre sympathique*. Cette technique était déjà employée au premier siècle avant J.-C., comme le décrit Pline l'Ancien dans ses textes. Pour cela, il suffit d'écrire sur un rouleau de papyrus (une feuille de papier blanche fait aussi l'affaire) avec du lait de l'euphorbe tithymalus (le jus de citron fonctionne aussi). Une fois que le message a séché, la feuille est comme vierge et le texte est dissimulé. Pour révéler le texte, il suffit de chauffer légèrement la feuille à l'aide de la flamme d'une lampe à huile (ou à l'aide d'un fer à repasser). La chaleur va faire apparaître comme par magie le message écrit en marron.

Une image au format PNG, comme celle proposée dans cette énigme, est découpée en de nombreux pixels, chacun ayant une couleur, représentée par quatre nombres entiers entre 0 et 255 (en binaire, entre 00000000 et 11111111). Une technique pour dissimuler un message dans une image consiste à remarquer que changer le bit de poids faible des valeurs numériques associées à une couleur est quasiment imperceptible pour un œil humain.

Par exemple, les deux gris dont les codes RGB en décimal (sans tenir compte de la transparence α, pour simplifier) sont respectivement 165 165 165 et 164 164 164 sont indiscernables (voir ci-dessous). Ces deux couleurs ne diffèrent que par le dernier bit de chaque composante, puisque 165 s'écrit en binaire 10100101, tandis que 164 s'écrit 10100100. Il est donc possible de cacher un message dans une image en le codant en binaire dans les bits de poids faibles des nombres représentant les couleurs des pixels de l'image. Le code permet d'augmenter ou de diminuer les gris. Le message est ainsi secret, sauf pour ceux qui savent où regarder dans l'image.

gris (165, 165, 165) 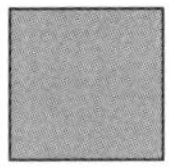  gris (164, 164, 164)

Pour découvrir le texte caché dans l'image, il faut d'abord parcourir tous les pixels de l'image, et, pour chacun d'eux, extraire le bit de poids faible de chacun des quatre nombres représentant sa couleur. La longueur de la suite de bits ainsi obtenue est quatre fois le nombre de pixels de l'image. Ensuite, il reste à découper cette suite de bits en paquets de 8 bits, chacun correspondant, une fois converti en décimal, au code ASCII d'un caractère du texte caché. Pour finir, il faut concaténer les caractères obtenus pour découvrir la solution de l'énigme.

Révéler le texte caché

En changeant simplement le nom de l'image, le programme donné page 20 dans l'énoncé de cette énigme permet d'accéder aux valeurs des pixels de l'image en utilisant la librairie `PIL` de Python 3. Puisque le format de l'image est PNG, la valeur d'un pixel correspond à une liste de quatre entiers compris entre 0 et 255.
Pour extraire le bit de poids faible de chacun de ces entiers, il suffit de remarquer qu'il s'agit d'un 1 pour les nombres impairs et d'un 0 pour les nombres pairs. Lorsque *n* est un entier, l'expression `n%2` calcule précisément cela : il s'agit du reste de la division de *n* par 2.
Pour obtenir le caractère correspondant à un certain code ASCII, avant d'utiliser la fonction `chr()`, comme dans la solution page 65 de l'énigme 1 page 11, il est nécessaire de convertir chaque paquet de 8 bits en un nombre en base dix.
Cette conversion du binaire au décimal peut être programmée en s'inspirant de celle des nombres Shadoks (plus ou moins écrits en base quatre) en décimal, comme dans la solution page 90 de l'énigme 4 page 16. C'est le rôle de la fonction `b2d()` dans le programme 9 page suivante, qui convertit un nombre binaire, représenté par une chaîne de caractères composée de `0` et de `1`, en un entier en base dix.
Ainsi, le nombre qui s'écrit en binaire `101010` correspond à 42 en décimal, comme le montre le calcul suivant :

$$1\times2^5+0\times2^4+1\times2^3+0\times2^2+1\times2^1+0\times2^0 = 2^5+2^3+2^1 = 32+8+2 = 42$$

ou, grâce à la fonction, `b2d("101010")`= 42.

Enfin, comme le texte caché dans l'image est assez long, il est préférable d'écrire le résulat dans un fichier au lieu de tenter de l'afficher avec la commande `print()`. Pour cela, il faut créer un fichier en mode écriture à l'aide de l'instruction `f.open("TexteCache.txt","w")`, puis écrire au fur et à mesure chaque caractère obtenu à l'aide de l'instruction `f.write(...)`, et enfin ne pas oublier de fermer le fichier avec l'instruction `f.close()`.

Programme 9 – Faire apparaître le texte caché dans l'image.

```
from PIL import Image
# fonction qui convertit un entier du binaire au decimal
def b2d(binaire) :
    longueur=len(binaire)
    res=0
    for i in range(longueur):
        res=res+int(binaire[i])*2**(longueur-i-1)
    return res

# ouvrir l'image et recuperer les pixels
png = Image.open("../Enigmes/Enigme5.png")
pixels = png.getdata()

# Pour 1 pixel correspondent 4 bits RGB alpha
ListeBits = [0]*(len(pixels)*4)
i = 0 #compteur du nombre de bits

# Pour tous les pixels reconstruire la chaine de bits en fonction de la parite des valeurs des pixels
for rgb in pixels :
    ListeBits[i]=rgb[0]%2
    i = i+1
    ListeBits[i]=rgb[1]%2
    i = i+1
    ListeBits[i]=rgb[2]%2
    i = i+1
    ListeBits[i]=rgb[3]%2
    i = i+1

# Calcul du nombre de caracteres sur 8 bits
NbCar=len(ListeBits)//8

# Creation d'un fichier pour la solution
f=open("TexteCache.txt","w")
for i in range(NbCar) :
    # Ecriture du texte caractere par caractere par plages de 8 bits
    f.write(chr(b2d(ListeBits[8*i:8*(i +1)])))
f.close()
print("Terminé, solution dans TexteCache.txt")
```

Attention, comme l'image est grande, le calcul peut prendre quelques dizaines de secondes, selon les ordinateurs, avant que la dernière ligne «Terminé» ne s'affiche dans la console. Plus précisément, l'image est

composée de 5000 × 4981 = 24 905 000 pixels. Chaque pixel cache 4 bits, et 8 bits encodent un caractère, ce qui donne finalement la possibilité de cacher, dans cette image, un texte de 12 452 500 caractères (en comptant les espaces, les sauts de lignes, etc.). Le texte choisi pour cette énigme est plus court, puisqu'il ne comporte qu'environ 125 000 caractères. C'est pour cela que le texte n'occupe que le début du fichier obtenu, alors que le reste, ne contenant aucune information, n'est formé que de signes incompréhensibles.
En ouvrant le fichier `TexteCache.txt` créé par le programme 9 page précédente, la solution de l'énigme apparaît : il s'agit du début du *Discours de la méthode*, un texte philosophique célèbre écrit en 1637 par René Descartes.

Transformer un entier en octets

La commande suivante permet de transformer l'entier `42` en sa représentation en octets : `'0:08b'.format(42)`. La sortie obtenue est `'00101010'`. Elle permet de changer le format d'un entier, en lui imposant un format binaire sur au moins 8 bits (autrement dit un octet), en complétant, si nécessaire, par des zéros à gauche. De façon similaire, la commande `'0:05d'.format(42)` renvoie `'00042'` car la valeur est affichée en décimal avec au moins 5 chiffres. Notez que le résultat obtenu, dans tous les cas, est une chaîne de caractères.

René Descartes (31/03/1596 - 11/02/1650)

Figure 24 – René Descartes.

Mathématicien, physicien et philosophe français, René Descartes est connu pour la célèbre citation «Je pense, donc je suis.». En mathématiques, il est l'un des inventeurs de la géométrie analytique. Il est à l'origine des coordonnées cartésiennes, utilisées pour repérer les objets dans le plan et dans l'espace. En 1637, il a rédigé la première synthèse européenne de la géométrie et de l'algèbre intitulée *Géométrie*. Il est aussi l'auteur du livre *Discours de la méthode*, un grand classique de la philosophie française du siècle des Lumières.

Cacher un texte dans une image

Pour cacher un texte dans une image, il faut suivre le processus inverse : traduire le texte en une suite de bits en suivant un certain encodage, et ensuite modifier la valeur de chacune des quatre composantes de chaque pixel de façon à faire coïncider son bit de poids faible avec le bit issu du texte initial. Il suffit pour cela de modifier les valeurs numériques de plus ou moins un.

Si le nombre de bits obtenus en encodant le texte dépasse quatre fois le nombre de pixels de l'image, l'ensemble du texte ne pourra pas être dissimulé dans l'image. Si, au contraire, comme c'est le cas dans cette énigme, le texte est plus court que ce que pourrait cacher l'image, seuls les premiers pixels contiendront de l'information, et le reste de l'image ne sera pas modifié.

Programme 10 – Coder le texte dans l'image.

```
from PIL import Image

# Ouvrir l'image et acquerir les pixels et les dimensions de l'image
png = Image.open("Python_logo_icon-white.png")
pixels = png.getdata()
width, height = png.size

# Ouvrir le texte a cacher et le stocker dans la variable texte
# Le texte est code en binaire sur 8 bits via le code ASCII.
file = open('Complement5.txt', 'r') # descartes discours de la methode
texte=""
while 1:
    char = file .read(1)
    if not char:
        break
    texte = texte + str('{0:08b}'.format(ord(char)))

longueur=len(texte) #nombre de bits du texte traduit en binaire
index = 0 # compteur pour les pixels
i=0 # compteur pour les bits

# Insertion du texte en supposant que l'image est assez grande pour le contenir

# Il y aura 4 bits issus des caracteres du texte pour chaque pixel de l'image
for k in range(longueur//4):
    # Recuperer la valeur du pixel dans v
    v=[pixels[k][0], pixels[k][1], pixels[k][2], pixels[k][3]]
    # Pour chaque composante RVB alpha
    for j in range(4):
        # Si la valeur du bit du texte ne correspond pas a la parite de l'image alors la modifer de 1
        if (v[j]%2==0 and int(texte[i])==1) or (v[j]%2==1 and int(texte[i])==0) :
            # Faire attention a ne pas depasser 255 en decalant de -1 au lieu de +1
            if v[j]>=255:
```

```
                v[j]=v[j]-1
            else :
                v[j]=(v[j]+1)
        i = i +1
    # trouver la position du pixel dans l'image
    col = index % width
    row = index // width
    # remplacer le pixel dans l'image
    png.putpixel( (col,row), tuple(v))
    index = index + 1

png.save('vstegano.png')
print('vstegano.png cree avec succes')
```

Objectifs informatiques

Cette énigme permet d'aborder les points suivants :

- manipulation des images en Python 3 à l'aide de la librairie PIL;
- écriture dans un fichier texte en Python 3;
- encodage d'un texte en binaire en passant par le code ASCII.

6 Canaux cachés ☆

« Big Brother fills us all with the same crap.
My guess is he was clever the same way everybody thinks they're clever.
I tell her to type in 'password'. »
« Big Brother nous remplit tous de la même merde.
Je pense qu'il était intelligent comme tout le monde pense l'être.
Je lui dis de taper 'mot de passe'. »
Chuck Palahniuk, « Lullaby », p.150, 2002.

L'analyse du programme `checkpin` montre que, si un caractère du code PIN n'est pas correct, la fonction renvoie immédiatement `False`. Cette manière de vérifier la véracité du code PIN entré par l'utilisateur est efficace, mais cela permet à un attaquant d'en tirer des informations précieuses.

De plus, une pause d'une seconde est faite entre chaque test de chaque caractère, ceci afin de rendre la recherche par brute force plus lente et donc impraticable. Par contre, cette différence de temps d'exécution en fonction de la correction partielle du début d'un code PIN permet de monter une attaque dite par « canaux cachés » (*side channels* en anglais). Ce type d'attaque a été introduit pour la première fois par le cryptographe Paul Kocher en 1996.

Paul Kocher (1973-)

En 1996, il a inventé la première attaque par canal auxiliaire sur RSA, publiée dans [Koc96, KJJ99]. Le concept de ces attaques est d'utiliser des informations comme le temps, l'énergie, les ondes électromagnétiques qui sont à disposition de l'attaquant pour en déduire une information secrète. Dans cette énigme, c'est le temps de calcul, qui est utilisé. Une solution pour éviter ces attaques est de faire en sorte que les données auxiliaires révélées n'apportent pas d'information utilisable par un observa-

Figure 25 – Paul Kocher.

teur. Pour cela, le plus simple est que chaque opération du programme prenne le même temps, ou consomme la même quantité d'électricité. Une solution est d'ajouter du bruit aléatoire à chaque opération, pour que l'observateur ne puisse rien déduire d'utile.

Mesure du temps d'exécution

En utilisant le temps de réponse, il est possible de deviner le premier chiffre du code PIN en 10 essais. Pour cela, il suffit de tester dix PIN qui commencent par 0, 1, ..., 9 suivis, par exemple, de cinq zéros et de mesurer le temps mis par `checkpin`. Le test qui a mis le plus de temps permet de retrouver le premier chiffre du PIN. En répétant l'opération pour tous les chiffres du PIN, il est possible, en un maximum de 60 tests, de retrouver à coup sûr le PIN.

Programme 11 – Casser le code PIN.

```
import time
import math
global password

def checkpassword(l):
    for i in range(len(password)):
        time.sleep(1)
        if password[i]!= l[i]:
            return(False)
    return(True)

# la fonction replace remplace le caratere a la position pos dans la chaine s par la valeur car
def replace(s, pos, car):
    return s[:pos] + car + s[pos+1:]

password=input("Entrez un code PIN de 6 chiffres entre 0 et 9 que l'ordinateur doit deviner . ")

# initialisation de la solution a 000000
solution="000000"

# pour chacun des chiffres du code PIN on va determiner la valeur qui est la plus lente
# pour deviner un par un les chiffres du PIN
for i in range(6):
    n = 0
    # affiche la solution courante pour visualiser la progression de la decouverte du PIN
    print(solution)
    # pour toutes les valeurs de 0 a 9
    while (n<=9) :
        # mesure le temps de depart
        start = time.time()
        # Teste la solution avec les valeurs possibles pour le prochain chiffre
        test = checkpassword(replace(solution,i,str(n)))
```

```
        # mesure le temps de fin
        end = time.time()
        # calcule le temps de verification
        temps = end-start
        # si le PIN est trouve mise a jour de la solution
        if test == True :
            solution = replace(solution, i , str(n))
            # force la sortie de la boucle
            n = 10
        else :
        # si le temps est plus long que le nombre de chiffres corrects alors le chiffre est bon
            if math.floor(temps) > i+1 :
                # mise a jour de la solution avec le chiffre trouve
                solution = replace(solution, i , str(n))
                # force la sortie de la boucle pour accelerer la recherche
                n = 10
            else :
                n = n+1
print("Le mot de passe secret est : ", solution)
```

Lors de la conception du programme, il faut noter, que pour tester le dernier chiffre, le temps ne suffit pas. Il faut donc tous les tester jusqu'à ce que le programme `checkpin` renvoie la valeur `True`. Cette subtilité demande aussi de mettre à jour la variable `solution` et de sortir de la boucle en mettant `n` à 10. Cette dernière astuce permet aussi d'accélérer le programme lorsqu'un chiffre est deviné par analyse du temps d'exécution : en effet, il n'est pas utile de tester les valeurs restantes. Morale : il faut attaquer ces codes et chasser les groupes des programmeurs qui ont ces mauvaises habitudes.

Objectifs informatiques

Dans cette énigme, les notions suivantes sont abordées :

- variable globale pour la conception de la fonction `checkpin`;
- mesure du temps avec la bibliothèque `time`;
- manipulation de chaînes de caractères.

7 Coloriage à deux couleurs ☆☆

« L'amour ça déborde comme un coloriage d'enfant. »
Olivier Norek, « Code 93 », 2013.

Comme expliqué dans l'énoncé page 23, la *k*-colorabilité d'un graphe est un problème classique en algorithmique, pour lequel aucun algorithme efficace dans le cas général n'est connu. En revanche, pour le problème plus restreint de la 2-colorabilité, il existe un algorithme facile et efficace, puisqu'il suffit de parcourir une seule fois chaque sommet et chaque arête pour déterminer si un graphe est ou n'est pas coloriable avec deux couleurs, et si c'est le cas, pour construire un 2-coloriage. Cet algorithme est utilisé pour résoudre cette énigme.

L'idée est d'assigner au hasard une couleur (ici, il s'agit simplement d'un nombre, 1 ou 2 par exemple) à un sommet au hasard et d'appliquer l'autre couleur à ses voisins. Il reste alors à propager la 2-coloration aux voisins des voisins, etc. Ainsi, pour deux voisins, ce n'est pas la même couleur qui est choisie pour les deux. S'il y a un conflit, autrement dit si, au cours du processus, un sommet se voit assigner les deux couleurs à la fois, alors le graphe n'est pas 2-coloriable, mais si la procédure se termine sans conflit, une 2-coloration est obtenue, ce qui signifie évidemment que le graphe est 2-coloriable. Ainsi deux sommets voisins ne sont jamais de la même couleur. La complexité de cet algorithme est linéaire dans la somme du nombre de sommets et du nombre d'arêtes du graphe, et il est mis en œuvre dans le programme 12 ci-dessous.

Dans ce programme, le modèle choisi pour représenter un graphe est une liste de voisinages. Plus précisément, les sommets sont numérotés à partir de `0`, et le graphe est constitué d'une liste `G` dont l'élément d'indice `i` est la liste des numéros des voisins du sommet `i`. Par exemple, dans la liste de listes suivante `G=[[1,3,2],[0,2],[0,1,3],[0,2]]`, l'élément `G[2]=[0,1,3]` signifie que les voisins du sommet 2 sont les sommets `0`, `1` et `3`. Il est également possible d'implémenter cet algorithme en choisissant de modéliser les graphes à l'aide d'une matrice d'adjacence ou de liste d'arêtes, mais les détails du programme seront forcément différents.

Algorithme de 2-coloriage

Concrètement, il s'agit d'un algorithme glouton qui est mis en œuvre en initialisant une liste `coloration` remplie de `0`, dont la longueur correspond au nombre de sommets du graphe. Puis, la couleur du premier sommet est mise à `1`, et la coloration se fait en parcourant tous les sommets. Pour propager la coloration à partir du sommet `i`, il suffit de parcourir la liste `G[i]` de ses voisins, en vérifiant qu'il n'y a pas de conflit en leur donnant la couleur complémentaire de celle de `i`. Le calcul se termine lorsque chaque sommet a une coloration.

Programme 12 – 2-coloriage d'un graphe.

```
def coloriable(G):
    # initialisation  de la coloration a 0
    coloration = []
    for l in G:
        coloration.append(0)
    res = True
    coloration[0] = 1          # coloration du premier sommet a 1
    Lvisite = []                 # liste  des sommets visites
    #Propagation de la coloration
    while (len( Lvisite ) < len(G)):
        for i in range(len(coloration)):
            if coloration[i] != 0 and (i not in Lvisite ):
                prochain=i
        Lvisite .append(prochain)
        couleur= coloration[prochain]
        vliste  = G[prochain] #vliste contient les  voisins du sommet i
        for k in vliste :
            c=coloration[k]
            if couleur==1 :
                if c == 1 :
                    res=False #conflit de couleurs
                else :
                    coloration[k] = 2
            else:
                if c == 2 :
                    res=False #conflit de couleurs
                else :
                    coloration[k] = 1
    # Si G est 2-coloriable on renvoie la coloration sinon on renvoie False
    if res == True :
        return(coloration)
    else:
        return(res)
# Un graphe est une liste de voisinages
G1     =[[1,2],[0,2,4,5],[0,1,3,4,6],[2,4],[1,2,3,5,6],[1,4,6,7,8],[2,4,5],[5,8,9],[5,7,9],[7,8]]
print(coloriable(G1))
G2     =[[1],[0,2,4,5],[1,3,6],[2,4],[1,3,6],[1,6,7,8],[2,4,5],[5,9],[5,9],[7,8]]
print(coloriable(G2))
```

Le graphe ci-dessous est modélisé par la liste G1 de sommets adjacents et le suivant par la liste G2. Le programme dit que le premier n'est pas 2-coloriable et le second l'est. De plus, le programme produit la coloration suivante : en blanc les sommets 0, 2, 4, 5 et 9 et les autres en noir.

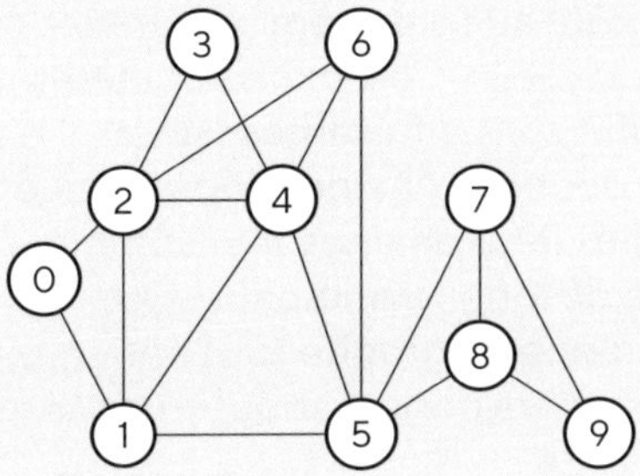

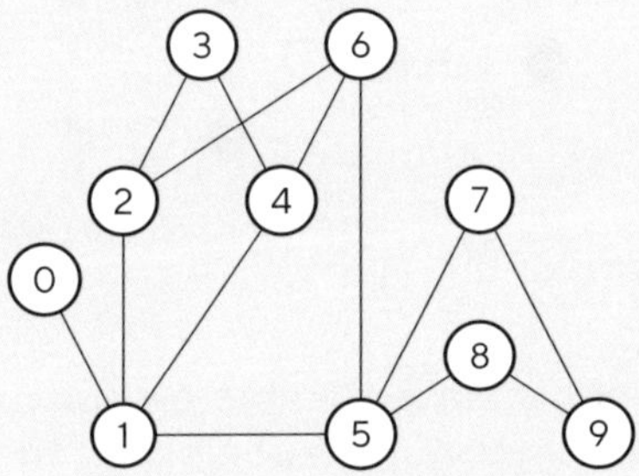

Dans la description de l'algorithme de 2-coloriage, la phrase « si un sommet se voit assigner les deux couleurs à la fois, alors le graphe n'est pas 2-coloriable » nécessite une explication. En effet, rien ne dit a priori qu'un autre coloriage, commencé à partir d'un autre sommet, n'aurait pas permis d'éviter ce conflit et n'aurait pas conduit à un 2-coloriage correct. Pour comprendre cette phrase, il faut d'abord se rendre compte qu'un graphe cyclique comportant un nombre impair de sommets, comme sur le schéma ci-dessous, n'est pas 2-coloriable. En revanche, un graphe cyclique comportant un nombre pair de sommets est 2-coloriable, car il suffit d'alterner les couleurs.

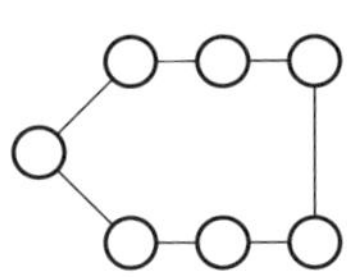

Pour revenir à la preuve de l'algorithme, le sommet pour lequel un conflit se produit, par exemple celui qui est bicolore sur le schéma ci-dessous, possède (au moins) deux voisins, par lesquels lui parviennent les deux instructions de coloriage contradictoires. Chacun de ces voisins a lui-même obtenu sa couleur à partir d'un sommet précédent et ainsi de suite. À partir du sommet présentant un conflit, il est ainsi possible de construire deux chaînes qui remontent le processus de coloriage. À une certaine étape, ces deux chaînes se rencontrent obligatoirement : peut-être au tout premier sommet colorié, ou peut-être à un sommet colorié ultérieurement. Comme les couleurs des deux voisins du sommet présentant un conflit sont différentes (sinon, il n'y aurait pas conflit), cela signifie que la longueur des deux chaînes depuis leur premier sommet commun n'a pas la même parité. Les deux chaînes, leur sommet commun et le sommet en conflit forment un cycle de longueur impaire. Quelle que soit la méthode choisie pour essayer de 2-colorier le graphe tout entier, la présence de ce cycle de longueur impaire l'empêchera donc d'aboutir, ce qui termine la démonstration.

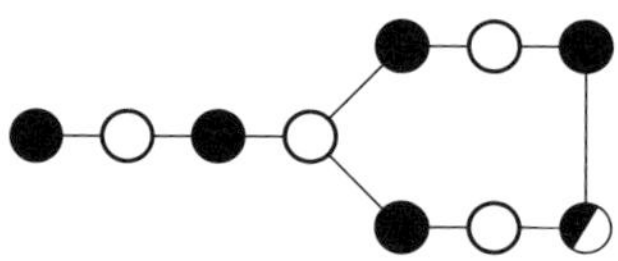

Graphe connexe

Un graphe est défini par un ensemble de sommets et un ensemble d'arêtes reliant ces sommets. Un graphe est dit *connexe* s'il est possible d'aller de n'importe quel sommet à n'importe quel autre sommet en empruntant uniquement les arêtes du graphe. Par exemple, le graphe suivant n'est pas connexe.

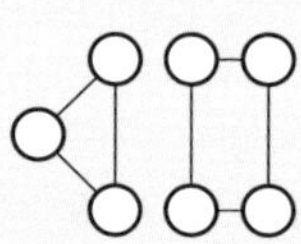

$P \stackrel{?}{=} NP$

Les problèmes dont la solution est obtenue en temps polynomial par une machine de Turing sont dans la classe de complexité appelée *P*. Cela signifie qu'il existe un algorithme qui met un temps polynomial pour trouver la solution à ce problème. Les problèmes de la classe de complexité *NP*, pour non-déterministe polynomial, sont des problèmes pour lesquels vérifier une solution est possible en temps polynomial. Cette notion a été introduite en 1917 par Stephen Cook. Par exemple, le problème du voyageur de commerce ou la 3-coloration sont des problèmes NP.

Le problème de savoir si $P \stackrel{?}{=} NP$ est une des conjectures les plus importantes en informatique. Elle fait partie des sept problèmes du prix du millénaire proposés par l'Institut de mathématiques Clay. Une récompense d'un million de dollars est promise à la personne qui résoudra une de ces conjectures. En 2022, il reste encore six problèmes non-résolus sur les sept proposés, dont le problème $P \stackrel{?}{=} NP$.

Problème du voyageur de commerce

Le problème connu sous le nom de TSP * est un problème concret de la vie courante. Il s'agit d'aider un commercial à organiser sa tournée en partant de son entreprise. Pour cela, il doit visiter l'ensemble de ses clients et revenir à son point de départ une fois sa tournée finie, et cela sans passer deux fois par la même ville. Ce problème est un problème NP-difficile, formalisé par William Rowan Hamilton (1805-1865). En théorie des graphes, un chemin hamiltonien est un chemin qui passe par tous les sommets du graphe une fois et une seule. Un graphe est dit *hamiltonien*, s'il existe un chemin hamiltonien qui est un cycle. Par exemple, le graphe inventé en 1970 par Václav Chvátal, ci-dessous, contient 370 cycles hamiltoniens distincts.

Figure 26 – William Rowan Hamilton.

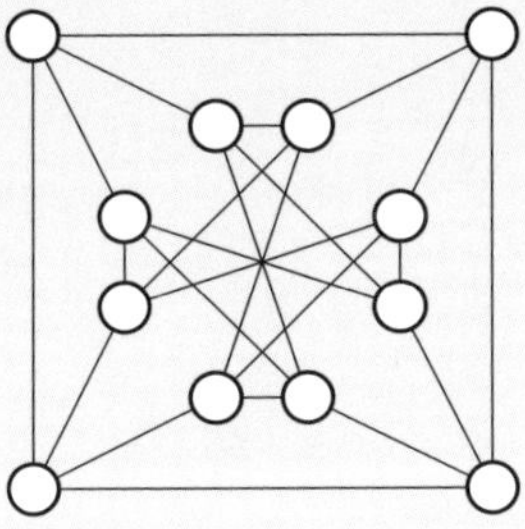

*Travel Salesman Problem

Objectifs informatiques

Cette énigme permet d'aborder les points suivants :

- manipuler des listes en Python 3;
- définir une structure de données pour manipuler un graphe;
- parcourir un graphe;
- colorier un graphe avec deux couleurs.

8 Vote électronique ☆☆

« Arguing that you don't care about privacy
because you have nothing to hide is no different than saying
you don't care about free speech because you have nothing to say. »
« Argumenter que vous ne vous préoccupez pas de la vie privée parce que
vous n'avez rien à cacher n'est pas différent de dire que vous ne vous
préoccupez pas de la liberté d'expression parce que vous n'avez rien à dire. »
Edward Snowden, « Reddit » ◇, 21 mai 2015.

En 2022, le chiffrement RSA, considéré comme sûr, est le plus utilisé dans le monde. Dans cette énigme, il est garant et responsable de la bonne tenue de l'élection. Mais, il faut noter que RSA est un chiffrement déterministe, c'est-à-dire qu'un message m chiffré avec une clé publique donnée produira toujours le même chiffré. Ainsi, pour déterminer la valeur du vote intercepté d'Alice, il suffit de le comparer avec les chiffrés des trois valeurs possibles pour l'élection. Il faut donc commencer par encoder ces trois valeurs avant de les chiffrer.

En utilisant la fonction `encode` et la fonction `decode` du programme 13, l'encodage de `OUI` est 79085073, l'encodage de `NON` est 78079078 et l'encodage de `BLANC` est 66076065078067. Puis, il faut chiffrer chacun de ces nombres avec la clé publique de l'énigme $(e, n) = (15213133, 881856821380357)$ et comparer les résultats avec la valeur interceptée. Ainsi, le chiffré du bulletin OUI vaut 435621141398543, le chiffré de NON vaut 229446820549265 et le chiffré de BLANC vaut 512998179758979. Alice a donc voté NON.

Encoder, décoder et chiffrer

Le programme 13 contient les fonctions `encode` et `decode` qui utilisent le code ASCII pour coder un message en entier et décoder un entier en

◇ https://www.reddit.com/r/IAmA/comments/36ru89/just_days_left_to_kill_mass_surveillance_under/crglgh2/

message. Le reste du code permet de construire la fonction de chiffrement. Pour cela, il faut calculer une exponentielle modulaire.

Programme 13 – Chiffrement de RSA.

```
import random
# encode un texte en un nombre
def encode(s):
    res = ""
    for i in range(len(s)):
        # ajoute a res la valeur ASCII du caractere courant sur 3 chiffres
        res = res + str("{0 :03}".format(ord(s[i ])))
    return int(res)

# decode un nombre en un texte
def decode(x):
    tmp=str(x)
    # ajoute 1 ou 2 zero(s) au debut en fonction de la valeur de x
    if len(tmp) % 3 == 1 :
        tmp = "00"+tmp
    if len(tmp) % 3 == 2 :
        tmp = "0" + tmp
    res=""
    for i in range(len(tmp)//3):
        # recupere les caracteres par groupes de 3
        t = tmp[3*i] + tmp[3*i+1] + tmp[3*i+2]
        # ajoute au resultat apres conversion en entier, puis en ASCII puis en caractere
        res = res + str(chr(int(t)))
    return res

# algorithme d'exponentielle modulaire rapide
def rapide_exp(x,n,p): # Calcul de x^n mod p
    if n==1 :
        return x % p
    else :
        if n % 2 == 0 :
            return rapide_exp((x*x)%p,n//2,p)
        else :
            return x*rapide_exp((x*x)%p,n//2,p) %p

# Algorithme de chiffrement RSA c = m^e mod n
def encrypt(e,n,m):
    return rapide_exp(m,e,n)

# Cle publique
(e,n)=(15213133,881856821380357)
print("Chiffre de OUI :",encrypt(e,n,encode("OUI")))
print("Chiffre de NON :",encrypt(e,n,encode("NON")))
print("Chiffre de BLANC :",encrypt(e,n,encode("BLANC")))
```

Il n'est nullement besoin de connaître la clé privée [♣]. Pour éviter ce problème, il aurait fallu utiliser le chiffrement RSA-OAEP [♠] qui est celui utilisé dans les standards de communication. Ce chiffrement est probabiliste et repose sur le chiffrement RSA.

Il faut remarquer que l'utilisation de l'exponentielle rapide pour calculer RSA est dangereuse, car cela expose le code à une attaque par canaux cachés par analyse du temps d'exécution (voir énigme 6). Ce problème est également évoqué dans l'énigme 18 de l'ouvrage *25 énigmes ludiques pour s'initier à la cryptographie* [LM21] [♡]. Une solution pour éviter cela est d'écrire un code de chiffrement RSA qui prend les mêmes temps quelles que soient les branches du programme, ce qui revient à calculer l'exponentielle modulaire classique.

Objectifs informatiques

Les principaux objectifs de cette énigme sont :

- programmer le chiffrement de RSA;
- programmer l'exponentielle (rapide ou pas);
- montrer que l'utilisation d'un chiffrement déterministe (comme RSA) pour un protocole de vote n'apporte aucune confidentialité.

Edward Snowden(21/06/1983 -)

Figure 27 – Edward Snowden.

Edward Snowden était un employé de la CIA [*] et de la NSA [#]. Le 6 juin 2013, à Hong Kong, il a donné une interview à Glenn Greenwald et Laura Poitras, qui a fait l'objet du documentaire « Citizen Four » primé aux Oscars. Il y révèle aux journalistes des documents classifiés, des informations sur les programmes de surveillance de masse des USA comme PRISM ou XKeyscore mais aussi des programmes d'espionnage d'équipements informatiques. Les informations transmises ont été publiées dans de nombreux médias

---

[♣] Afin de déchiffrer le message, voici la clé privée (15213133, 881856821380357)

[♠] Optimal Asymmetric Encryption Padding

[♡] https://www.dunod.com/sciences-techniques/25-enigmes-ludiques-pour-initier-cryptographie

du monde entier pendant des mois. Ces révélations ont fait prendre conscience à de nombreuses personnes de la réalité et de l'ampleur de la surveillance informatique. Il est ainsi devenu l'un des plus célèbres lanceurs d'alerte. Il s'est exilé à Moscou et, le 22 octobre 2020, la Russie a accordé à Snowden un titre de résident permanent.

*Central Intelligence Agency
#National Security Agency

Reddit et Aaron Swartz (8/11/1986 - 11/01/2013)

Figure 28 – Aaron Swartz.

Aaron Swartz est un informaticien américain précoce qui a défendu la liberté numérique. À 12 ans, il crée « The Info Network », une encyclopédie en ligne qui est alimentée par les internautes (tout comme Wikipédia créé le 15 janvier 2001). À 14 ans, il participe au développement du format RSS *, qui permet d'être notifié en temps réel de la mise à jour de sites web. À 15 ans, il participe au développement des licences Creative Commons. À 19 ans, il rejoint l'équipe de Reddit, un site américain communautaire d'actualités qui est parmi les sites les plus consultés au monde. Il quitte cette entreprise pour des raisons idéologiques à la suite du rachat de cette société par Condé Nast. Il élabore avec John Gruber le langage Markdown qui permet de générer facilement des pages HTML #. En 2008, il participe au projet TOR ⁺. Il milite également pour le libre accès des publications scientifiques.

*Really Simple Syndication
#Hyper Text Markup Language
⁺The Onion Router

TOR

Le but du projet TOR est d'assurer l'anonymat sur Internet afin de défendre les libertés individuelles et le respect de la vie privée. Le réseau

TOR propose un moyen de consulter des sites Internet en restant anonyme. Le principe est d'utiliser le « routage en oignon ». Pour ce faire, des techniques de chiffrement à clé publique et un ensemble de nœuds sont utilisés. Pour accéder à un site internet S en utilisant TOR, il faut commencer par tirer au hasard un ensemble d'au moins trois serveurs TOR, par exemple A, B et C, dont les clés publiques PkA, PkB et PkC sont connues. La requête *R* pour le site web S est alors chiffrée pour C, puis pour B et enfin pour A. Cette succession de chiffrements rappelle les couches d'un oignon. Cette requête chiffrée est transmise à A qui, grâce à sa clé privée, est capable de déchiffrer le message avant de le transmettre à B. Ensuite B, grâce à sa clé privée, déchiffre le message reçu avant de le transmettre à C. Enfin, C déchiffre à son tour le message pour contacter le site S avec la requête en clair. Si une seule personne utilise le réseau TOR, alors il est facile de savoir qui a envoyé quelle requête à quel site. En revanche, si de nombreuses personnes l'utilisent, alors il n'est plus possible de savoir qui communique avec qui. Les communications sont chiffrées. Les nœuds TOR reçoivent des messages chiffrés et renvoient des messages chiffrés, ce qui rend les utilisateurs anonymes en les fondant dans la foule des communications. Le slogan de TOR est « Privacy loves company ».

Figure 29 – Logo de TOR.

En octobre 2002, le réseau TOR est déployé avec une douzaine de nœuds. En 2021, TOR [*] compte plus de 6 000 serveurs dans le monde.

[*] https://www.torproject.org

9 Bitcoin ☆☆

« Porte-monnaie étanche, spécial pour argent liquide. »
Pierre Dac, *L'Os à moelle*.

André Isaac dit Pierre Dac (15/08/1893 - 09/02/1975)

Pierre Dac est un humoriste et comédien français qui a créé, le 13 mai 1938, le journal humoristique *L'Os à moelle*. La citation de cette énigme est issue de la rubrique « petites annonces ». Ce journal anti-hitlérien s'est arrêté le 7 juin 1940, après 109 numéros. Il refit surface entre 1964 et 1966, puis dans les années 1970. Il a formé un duo célèbre avec Francis Blanche. Ils ont animé les séries radiophoniques populaires « Malheur aux barbus », « Signé Furax » et « Bons baisers de partout ». Il est aussi le créateur du Schmilblick, un objet « rigoureusement intégral, qui ne sert absolument à rien et peut donc servir à tout ». En 1969, Guy Lux et Jacques Antoine utilisent le nom de cet objet pour un jeu télévisé en direct, dans lequel les candidats devaient deviner ce qu'était le Schmilblick avec les seules réponses des animateurs à des questions simples. Ce concept reprend le jeu radiophonique animé par Pierre Bellemare, intitulé « La Chose ». De plus, le jeu du Schmilblick a été parodié par Coluche dans un sketch dont le succès l'a rendu encore plus célèbre. Ce terme fait désormais partie du langage courant et il est notamment utilisé dans l'expression « Ça ne fait pas avancer le schmilblick ». En 1975, Pierre Dac est également l'inventeur du biglotron et de la célébrissime recette de la confiture de nouilles.

Figure 30 – Pierre Dac.

Pour miner une transaction avec la difficulté de 2^{250}, il faut trouver une valeur pour n de telle sorte que :

$$H(H(xympn)) \text{ soit plus petit que } 2^{250}.$$

La seule solution est de tester des valeurs de n et de faire les calculs jusqu'à trouver un n qui convient. Plus la valeur de la difficulté diminue, plus la tâche est longue, car il y a moins de nombres qui satisfont l'inégalité. En Bitcoin, cette difficulté est ajustée périodiquement pour que le temps moyen mis pour résoudre cet objectif de hachage soit de 10 minutes, afin de valider des transactions sur la blockchain Bitcoin dans cet intervalle de temps. Le 5 juillet 2022, la difficulté de Bitcoin vallait 29 570 168 636 358.

Miner en Bitcoin

Le programme 14 définit la fonction `hashash` qui prend un message `m` en paramètre et applique deux fois la fonction SHA-256. Ensuite, il initialise la valeur de la transaction qui est représentée par la chaîne `AB542`. Enfin, il teste tous les entiers successivement pour trouver une valeur de n qui convient, ici $n = 50$.

Programme 14 – Bitcoin.

```
#pip3 install pycrypto
from Crypto.Hash import SHA256

def hashash(m):
    h = SHA256.new()
    h.update(m.encode('UTF-8'))
    tmp = h.hexdigest()
    h = SHA256.new()
    h.update(tmp.encode('UTF-8'))
    return h.hexdigest()

# Initialisation de la transaction A, B, 5 et 42
s = 'AB542';

# Construction du premier message avec n=0
n = 0;
z = int(hashash(s+str(n)),16)

# tant que l'on n'a pas trouve un n qui convient on incremente n et on recalcule z
while (z>2**250) :
    n=n+1;
    z=int(hashash(s+str(n)),16);

print("Un nombre possible pour la transaction Alice donne 5 a Bob" \
      + "avec 42 comme bloc precedent est",n);
```

Cette énigme illustre le fonctionnement de la *preuve de travail*, qui est au cœur de la création de bitcoins et de la validation des transactions.

Bitcoin et son fonctionnement

Bitcoin a été inventé en 2009 par Satoshi Nakamoto. Il s'agit de la première monnaie dématérialisée, distribuée et décentralisée : une véritable révolution qui repose sur la technologie blockchain. En effet, le système bancaire repose sur la confiance dans les banques. Par exemple, ma banquière peut débiter une prime à un usager sans que personne ne puisse le voir. Cette perte n'a rien de futile. Afin d'éviter cela, il faut un système où les transactions sont traçables et inaltérables, ce qu'offre Bitcoin. De plus, la banque n'a pas d'amis, et en centralisant les informations, elle cherche à éviter le problème majeur de la *double dépense*, car il est facile de dupliquer une pièce numérique (voir encadré suivant). Bitcoin introduit un changement de paradigme qui permet de se passer de cette autorité centrale. À la place, des mineurs tiennent à jour le livre de comptes, valident les transactions et créent des bitcoins.
Pour cela, dans Bitcoin, un livre de comptes, mis à jour en temps réel, est partagé entre tous les utilisateurs. Une liste des transactions, à inscrire dans le livre de comptes, est aussi mise à jour en temps réel et diffusée à tous les mineurs qui valident les transactions. Pour gérer ce livre de comptes, Bitcoin instaure plusieurs mécanismes.

- Le premier est de faire en sorte que toutes les nouvelles transactions soient liées aux précédentes, comme dans l'énigme, grâce à un mécanisme de hachages successifs des blocs de transactions, appelé chaîne de blocs (*blockchain*). Ainsi, changer une ligne dans le livre des comptes, constitué par la blockchain, nécessiterait de modifier toutes les lignes (c'est-à-dire tous les blocs) ajoutées par la suite, ce qui est difficile. Ce mécanisme permet d'éviter toute fraude et de rendre le livre de comptes infalsifiable.
- Pour valider des transactions, un mineur * doit faire deux choses :
  1. Vérifier que les transactions sont valides. Cela signifie qu'il doit remonter la blockchain jusqu'à trouver les informations nécessaires pour vérifier que les comptes des personnes qui effectuent une transaction existent et contiennent assez de bitcoins.

2. Résoudre l'objectif de hachage associé aux transactions choisies. Pour une transaction, effectuée à la date d, d'un montant m, du compte x vers le compte y, avec le bloc précédent p, il s'agit de trouver un nombre n tel que le résultat du calcul suivant commence par un certain nombre de zéros : SHA256(SHA256(d, x, y, p, n)), où SHA-256 est une fonction de hachage cryptographique. Le nombre de zéros requis est ajusté tous les 2 016 blocs, soit approximativement tous les 14 jours, de telle sorte que le temps moyen pour miner un bloc soit toujours de 10 minutes.

* Le nom de *mineurs*, donné aux ordinateurs qui valident les transactions, fait référence aux mineurs qui cherchaient de l'or au temps du Far West. De tout temps, les mineurs souffrent d'une mauvaise réputation, car ils agissent de manière peu écologique.

Éviter la double dépense

Une question qui se pose naturellement est : que se passe-t-il si deux mineurs résolvent, en même temps, chacun un objectif de hachage différent ? D'après le protocole Bitcoin, cela provoque un *fork* (en français, embranchement), comme sur le schéma suivant, où chaque carré représente un bloc lié aux précédents dans la blockchain, et où il y a deux forks représentés par les carrés gris.

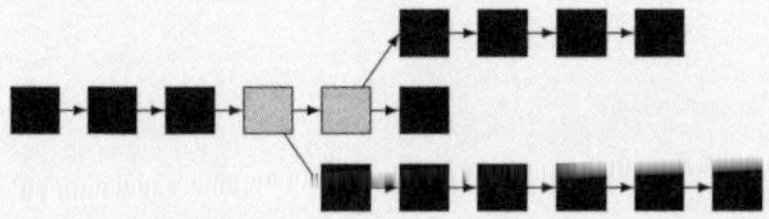

Les embranchements peuvent correspondre à des doubles dépenses, il faut donc les éviter. Pour cela, le mécanisme mis en place par Bitcoin est le suivant : lorsqu'il y a un fork, seule la branche la plus longue est considérée comme valide, et les autres sont abandonnées, ce qui annule toutes les transactions faites dans ces branches. Il est généralement estimé qu'il faut attendre six blocs (environ une heure) pour qu'une transaction soit définitivement validée dans Bitcoin, car il devient ensuite trop coûteux de modifier plus de blocs en amont.

La blockchain

La véritable révolution Bitcoin est l'invention de la blockchain. Le mécanisme de blockchain sous-jacent à Bitcoin est indispensable pour éviter la double dépense dans cette monnaie. Une blockchain est un espace de stockage d'informations *inaltérable, infalsifiable, distribué, auditable et vérifiable*. Ces caractéristiques sont utilisées pour les transactions dans Bitcoin, mais peuvent l'être aussi dans des applications nécessitant une traçabilité des opérations, comme la blockchain mise au point en 2018 par IBM pour la distribution de nourriture (IBM Food Trust). Pour plus de détails sur les blockchains et sur le fonctionnement de Bitcoin, le lecteur peut consulter le chapitre [DL19] et l'ouvrage [DLTV18].

Objectifs informatiques

Les objectifs de cette énigme sur Bitcoin sont de comprendre son fonctionnement, de manipuler les chaînes de caractères et d'utiliser une bibliothèque pour hacher des messages.

10 Syracuse ☆☆

« Mathematics is not yet ready for such problems. »
« Les mathématiques ne sont pas encore prêtes pour ce genre de problèmes. »
Paul Erdös, à propos de la conjecture de Syracuse, cité dans *The* $3x + 1$ *Problem and its Generalizations*, par Jeffrey C. Lagarias en 1986 [Lag85].

Paul Erdös (26/03/1913 - 20/09/1996)

Figure 31 – Paul Erdös.

Paul Erdös est un mathématicien hongrois, il est connu pour ses nombreuses publications : 15 250 articles publiés avec 511 mathématiciens différents, ce qui est exceptionnel. Il a travaillé, entre autres, dans les domaines de la théorie des graphes, de la théorie des nombres et de la combinatoire. À seulement 21 ans, il a publié une nouvelle démonstration du théorème de Tchebychev, qui lui a permis d'obtenir son doctorat sans même suivre le cursus habituel des études universitaires.
Il a été surnommé, parmi les mathématiciens, « *the prince of problem solvers and the absolute monarch of problem posers* » (le prince de la résolution de problèmes et le monarque absolu de leur formulation), pour son extraordinaire habileté à capturer, dans un énoncé apparemment simple, l'essence profonde des questions mathématiques majeures auxquelles il s'intéressait. Souvent, il assortissait les problèmes qu'il posait d'un prix (de quelques dollars à quelques milliers de dollars), reflétant, à son avis, la profondeur et la difficulté de la question.
Sans jamais s'installer quelque part, il a passé la majeure partie de sa vie en nomade, visitant pour quelques mois des universités dans le monde entier, pour collaborer avec de nombreux collègues, avec pour simple et seul bagage une valise contenant ses notes et ses résultats de recherche.

Nombre d'Erdös

Dans le folklore de la communauté des mathématiciens, le *nombre d'Erdös* de chacun d'entre eux représente sa distance de collaboration avec Paul Erdös.
Ainsi, par définition, Paul Erdös possède un nombre d'Erdös de 0 et les chercheurs qui sont ses co-auteurs ont un nombre d'Erdös de 1. Puis les chercheurs ayant publié avec ces chercheurs ont un nombre d'Erdös de 2, et ainsi de suite. Il existe plus de 11 000 personnes qui ont un nombre d'Erdös de 2. Les personnes n'ayant pas de publications liées avec Erdös ont un nombre d'Erdös infini. Par exemple, le nombre d'Erdös de Malika More est de 3, car elle a publié avec Johann Andreas Makowsky, qui a publié avec Saharon Shelah, qui est un co-auteur d'Erdös. De même, Pascal Lafourcade a un nombre d'Erdös de 3, car il a publié avec Sébastien Tixeuil, qui a publié avec Noga Alon, qui est un co-auteur d'Erdös. Le site mathscinet * permet de calculer facilement le nombre d'Erdös de n'importe qui.

* `https://mathscinet.ams.org/mathscinet/freeTools.html?version=2`

La solution de cette énigme est l'occasion de mettre en œuvre un concept important en programmation : la récursivité. Par ailleurs, la division qui intervient dans la définition de la suite de Syracuse permet de mettre en lumière des différences importantes entre les types de nombres `int` et `float` en Python 3.

La solution de l'énigme est que le plus petit nombre avec un temps de vol supérieur à 100 est 27, dont le temps de vol est 111.

Solution récursive

Les suites de Syracuse sont définies par récurrence, il est donc naturel de programmer le calcul de manière récursive, en suivant la définition mathématique des termes de la suite.
Ainsi, pour calculer récursivement le terme de la suite de rang *n*, il suffit d'observer que :

- le cas d'arrêt du calcul se produit lorsque le nombre *n* de termes à calculer est atteint, et il faut alors renvoyer le terme courant de la suite *u*;

- dans le cas général, si u est pair, alors u doit être divisé par 2 et il faut enlever 1 au nombre n de termes à calculer, mais si u est impair, il faut le remplacer par $3u+1$ et il faut aussi enlever 1 au nombre n de termes à calculer.

La fonction `syracuse(u,n)` du programme 15 est écrite en suivant cette approche.

Programme 15 – Calcul des termes d'une suite de Syracuse.

```
##calcul récursif  du terme de rang n de la  suite  de Syracuse de premier terme u
def syracuse(u,n) :
    if  n == 0 :
        return u
    if  (u % 2) == 0 :
        return syracuse(u//2,n−1)
    else  :
        return syracuse(3*u+1,n−1)

##calcul du terme de rang 15 de la suite  de premier terme 7
print("Le terme de rang "+str(15)+"  est  "+str(syracuse (7,15)))
```

Pour effectuer la division par 2, il est important d'utiliser l'opérateur arithmétique `//`, qui permet de travailler avec des nombres de type `int` et non l'opérateur `/`, dont le résultat est un nombre de type `float`. Ce dernier donne un résultat erroné lorsque les nombres deviennent grands. Par exemple, avec u_0 =2361235441021745907775, la valeur correcte de u_3 est 1062555948459785658490, mais en utilisant l'opérateur `/` pour la division, la valeur obtenue est 1.7709265807663094e+21, un flottant bien différent.
Pour revenir à l'énigme, ce ne sont pas les valeurs des termes de la suite qui sont intéressants, mais le temps de vol de la valeur initiale, autrement dit le rang pour lequel la valeur 1 est atteinte pour la première fois.
Pour écrire une fonction `temps` réalisant ce calcul, il est possible d'utiliser la même approche récursive que pour calculer les termes de la suite :

- le cas d'arrêt du calcul se produit lorsque la valeur 1 est atteinte et il faut alors renvoyer le nombre d'étapes du calcul;
- dans le cas général, si u est pair, alors u doit être divisé par 2 et il faut ajouter 1 au nombre d'étapes du calcul, mais si u est impair, il faut le remplacer par $3u+1$, et il faut ajouter 1 au nombre d'étapes du calcul.

La fonction `temps(u,rang)` du programme 17 page 134 est écrite en suivant cette approche. Elle se lance en donnant pour `u` la valeur initiale et pour `rang` la valeur 0.
Attention : compte tenu du fait que le temps de vol d'un entier n'est peut-être pas toujours fini, rien ne garantit que cette fonction s'arrête pour toutes les valeurs de `u`.

Programme 16 – Calcul du plus petit entier avec un temps de vol d'au moins 100.

```
##calcul du temps de vol de u en modifiant le calcul des termes de la suite
##pour calculer à la fois la valeur et le rang
##il ne faut pas renvoyer la valeur, mais le rang
##et arrêter quand la valeur obtenue est 1
##Attention : comme il n'est pas démontré que le temps de vol d'un entier est
##toujours fini rien ne garantit que cette fonction s'arrête

##La fonction se lance avec u=valeur initiale et rang=0
def temps(u,rang):
    if u == 1 :
        return rang
    if (u % 2) == 0 :
        return temps(u//2,rang+1)
    else :
        return temps(3*u+1,rang+1)

####calcul du temps de vol de 7
##print("Le temps de vol de 7 est "+ str(temps(7,0)))

##réponse à l'énigme :
##calcul du plus petit entier dont le temps de vol est supérieur à 100
i=1
t=0
while t<101 :
    i=i+1
    t=temps(i,0)
print("Le temps de vol de "+str(i)+" est de "+str(t))
```

Récursivité

La récursivité est un type de programmation au premier abord très surprenant : une fonction récursive est une fonction dont le code fait appel à la fonction elle-même.
L'exemple standard d'un programme récursif est le calcul de la factorielle d'un entier n, notée $n!$. Cette valeur, qui apparaît souvent en combinatoire, est le produit des entiers de 1 à n. Autrement dit, $1! = 1$, $2! = 2\times1 = 2$, $3! = 3 \times 2 \times 1 = 6$, $4! = 4 \times 3 \times 2 \times 1 = 24$, $5! = 5 \times 4 \times 3 \times 2 \times 1 = 120$, etc.

Par convention, il est aussi posé que 0! = 1. La définition de la factorielle peut alors se ramener aux deux règles suivantes :

- $n! = n \times (n-1)!$,
- $0! = 1$.

En suivant ces deux règles, le calcul de 5! donne lieu aux étapes suivantes : $5! = 5 \times 4! = 5 \times 4 \times 3! = 5 \times 4 \times 3 \times 2 \times 1! = 5 \times 4 \times 3 \times 2 \times 1 \times 0! = 5 \times 4 \times 3 \times 2 \times 1 \times 1 = 120$.
Ainsi, le calcul de 5! fait appel à une autre factorielle, à savoir 4!, dont le calcul fait lui-même appel à 3!, etc. Ceci se répète jusqu'à ce que le cas d'arrêt (0! = 1) soit atteint. La fonction récursive `fact(n)` ci-dessous met en œuvre cette méthode de calcul de la factorielle :

```
def fact(n):
    if n==0 :
        return 1
    else :
        return n*fact(n-1)
```

Récursivité terminale

Du point de vue pratique, la fonction `fact(n)` a un inconvénient : il faut mémoriser toutes les valeurs n, $n-1$, ... avant de pouvoir finalement effectuer les multiplications quand le cas d'arrêt est atteint. Pour de grandes valeurs de n, cela peut provoquer une surcharge de la mémoire de l'ordinateur. Il s'agit d'un reproche très souvent fait à la programmation récursive. Pour réduire ce problème, il est possible d'écrire une variante de la fonction `fact(n)` qui ne nécessite de stocker que deux nombres à la fois et qui stocke les résultats des multiplications au fur et à mesure à l'aide d'un paramètre auxiliaire. Ce type de récursivité économe en mémoire est dite « *récursivité terminale* ». La fonction `fact_rt(n)` ci-dessous la met en œuvre :

```
def fact_rt (n,res):
    if n==0 :
        return res
    else :
        return fact_rt (n-1, n*res)

def facto(n):
    return fact_rt (n,1)
```

Lambda calcul

Figure 32 – Alonzo Church.

Le paradigme de programmation dit *fonctionnel* repose sur les travaux d'Alonzo Church avec le modèle de calcul appelé « Lambda calcul » et noté λ-calcul. En 1927, il propose une belle thèse, qui étudie une logique dans laquelle l'axiome du choix serait faux. Dans son approche, il considère que tous les objets mathématiques peuvent être définis par des fonctions. Il définit les entiers uniquement à partir de fonctions : zéro est représenté par la fonction identité (celle qui transforme tout objet en lui-même), le un par l'application d'une fonction une fois, le deux par l'application d'une même fonction deux fois successivement, etc. Il définit l'addition et la multiplication dans ce paradigme ainsi que les valeurs booléennes vrai et faux et les opérateurs logiques pour faire des raisonnements. Il a ainsi developpé toute une théorie qui permet de décrire n'importe quel objet mathématique sous la forme d'une fonction. De la même façon, tout calcul (et donc tout programme) peut être vu comme l'application de fonctions. Ainsi, le calcul de la factorielle est simplement l'appel de la fonction `fact(n)` définie dans le programme ci-dessus, qui ne fait appel qu'à des opérations de calcul (pouvant être codées par des fonctions) et à elle-même. La notion de boucle, omniprésente dans le paradigme de programmation impératif, est remplacée par celle d'appel récursif à une fonction. Ces travaux théoriques servent de fondement au paradigme de programmation fonctionnelle. Les langages de programmation comme Haskel, OCaml, Lisp ou Scheme sont des langages de programmation fonctionnels qui reposent sur le λ-calcul.

Preuve automatique

Dans le paradigme de programmation fonctionnel, la correspondance de Curry-Howard assure qu'il existe une équivalence entre une preuve et un programme. Par exemple, le programme pour la factorielle `fact(n)` décrit ci-dessus est la traduction exacte de sa définition mathématique

(0! = 1 et $n!$ = $(n - 1)! \times n$). Ainsi, la démonstration de la correction du programme correspond exactement à la preuve par récurrence de la correction de la définition. Ce résultat fondamental de l'informatique est à la base de la démonstration automatique. Dans ce domaine, le logiciel Coq *, développé à l'INRIA #, est un assistant qui permet de produire des preuves automatiques. Par exemple, Georges Gonthier et Benjamin Werner ont pu redémontrer avec Coq le célèbre théorème des quatre couleurs, qui établit qu'il suffit de quatre couleurs pour colorier n'importe quelle carte de géographie politique. Coq a aussi permis de redémontrer le théorème de Feit-Thompson, ainsi que de nombreux autres résultats †.

---

* `https://coq.inria.fr/`
# Institut national de recherche en informatique et en automatique
† `https://madiot.fr/coq100/`

Les grands entiers avec Python 3

Dans les ordinateurs de 2022, les entiers sont en général représentés sur 64 bits. Le plus grand entier représentable est alors $2^{64} - 1$. Au début du XXIe siècle, les ordinateurs n'utilisaient que 32 bits pour représenter les entiers, ce qui les limitait à $2^{32} - 1$.
Cependant, des logiciels, comme l'interpréteur de Python 3, comportent un mécanisme particulier qui leur permet de traiter des entiers arbitrairement grands. Par exemple, l'évaluation de `2**100` en Python 3 renvoie 1267650600228229401496703205376. Dans les langages de programmation qui ne possèdent pas cette caractéristique, et pour lesquels les nombres de type `int` sont représentés sur 64 bits, il est impossible de représenter 2^{100} comme un entier : ou bien une erreur de « dépassement de capacité » est générée, ou bien le nombre est converti en un nombre de type `float`, écrit en notation scientifique, comme sur une calculatrice, au prix d'une perte de précision sur les chiffres de poids faibles.
Par exemple, en écrivant `1267650600228229401496703205376.0`, l'entier `1267650600228229401496703205376` est converti en flottant et se comporte alors comme tel. Ainsi, l'évaluation de `1 + 1267650600228229401496703205376.0 == 1267650600228229401496703205376.0` renvoie `True`, tandis que celle de `1+1267650600228229401496703205376 == 12676506002282294014 96703205376` renvoie `False`.

Représentation des réels en informatique

Concernant la représentation informatique des nombres «à virgule», la situation est relativement compliquée. En effet, la plupart des réels, comme π ou $\sqrt{2}$, comportent une infinité de chiffres après la virgule. En revanche, la représentation informatique d'un nombre ne peut comporter qu'un nombre fini de bits. C'est une différence entre les nombres réels et les nombres de type `float` qu'il est essentiel de comprendre pour pouvoir concevoir des programmes de calcul numérique corrects.
La norme IEEE 754 définit les nombres flottants. Ce sont des nombres écrits en notation scientifique en base 2, sous la forme suivante : $\pm s \times 2^e$ où le premier symbole est le signe du nombre qui est soit positif, soit négatif; le significande s est un nombre positif tel que $1 \leq s < 2$, il s'écrit donc 1, ...; l'exposant e est lui un entier relatif. Ces éléments sont stockés sur 64 bits comme suit :

- un champ de 1 bit pour le signe;
- un champ de 52 bits pour la partie fractionnaire de s, appelée mantisse, c'est-à-dire les chiffres après la virgule uniquement;
- un champ de 11 bits pour l'exposant.

Cela permet de représenter certains nombres réels. Malheureusement, beaucoup de nombres réels simples, comme 0, 3, ne sont pas représentables, ce qui signifie qu'ils n'ont pas de représentation exacte dans cette norme IEEE 754, et ceci quelle que soit l'architecture de la machine utilisée. Autrement dit, le flottant qui s'écrit `0.3` n'est pas égal au réel 0, 3, c'en est seulement une approximation.
La confusion entre les notions de flottants et de réels est cause de nombreuses erreurs de programmation. Ainsi, l'évaluation de l'expression `0.1+0.2==0.3` renvoie `False`, en Python 3 comme dans n'importe quel autre langage de programmation. En effet, en additionnant les approximations flottantes des réels 0, 1 et 0, 2, le flottant obtenu n'est pas égal à l'approximation flottante de 0, 3.
C'est la raison d'une des règles de bonnes pratiques de programmation les plus souvent répétées par les enseignants d'informatique :

«N'écrivez pas de tests d'égalité avec des flottants!»

Pour dépasser cette limitation des flottants, le langage Python 3 propose la fonction `isclose()` de la bibliothèque `math` : l'évaluation de l'expression `math.isclose(0.1+0.2,0.3)` renvoie `True`, à condition

d'avoir au préalable chargé la bibliothèque `math` avec la ligne `import math` en début de programme.
Il est par ailleurs illusoire d'espérer l'invention dans le futur d'une représentation informatique exacte des réels, ou d'ordinateurs plus puissants faisant disparaître les difficultés liées aux flottants. Des raisons théoriques fondamentales, liées aux travaux du mathématicien allemand Georg Cantor, à la fin du XIXe siècle, permettent de démontrer que c'est une impossibilité liée à la nature des réels d'une part, et des représentations informatiques d'autre part.

Georg Cantor (03/03/1845 - 06/01/1918)

Figure 33 – Georg Cantor.

Georg Cantor est un mathématicien allemand dont les travaux, à la fin du XIXe siècle, ont révolutionné la façon de considérer l'infini en mathématiques. En particulier, il a démontré que tous les infinis ne sont pas les mêmes et que certains sont plus grands que d'autres !
Cantor a introduit des nombres « transfinis », qui sont plus grands que n'importe quel nombre entier. Il a montré comment il était possible de calculer avec eux et de les comparer.
Pour comprendre cela, il faut partir des nombres entiers naturels 0, 1, 2, 3, etc., et imaginer de tous les énumérer. Quand c'est terminé (au bout d'un temps infini…), le « nombre » suivant est le premier ordinal transfini. Cantor l'a appelé ω, qui se lit « oméga » en grec. Ensuite, il est possible de continuer l'énumération, pour obtenir les ordinaux $\omega + 1$, $\omega + 2$, $\omega + 3$, etc. Et, au bout d'un temps infini, $\omega + \omega = 2\omega$ apparaît. Cette construction vertigineuse continue bien au-delà de ce que vous pouvez imaginer, et fait apparaître des objets mathématiques encore plus étranges, comme ceux qui ont été baptisés les « grands cardinaux », étudiés au XXe siècle par des spécialistes de la théorie des ensembles.
Pour comparer le nombre d'éléments de deux ensembles infinis, il a proposé d'utiliser la notion de bijection, autrement dit de correspondance terme à terme. Les enfants, avant de savoir utiliser les nombres, peuvent comparer deux ensembles d'objets en mettant en relation chaque élément d'un ensemble avec un élément de l'autre : si, à la fin, il ne reste

aucun objet isolé, c'est qu'il y avait autant d'objets dans chacun des ensembles, et la mise en relation s'appelle une bijection.
Avec les ensembles infinis, il est possible de démontrer des résultats déconcertants, par exemple qu'il y a autant de nombres entiers pairs que de nombres entiers tout court. Pour démontrer ce résultat, il suffit de définir une bijection entre l'ensemble des entiers d'une part, et l'ensemble des entiers pairs d'autre part. C'est chose faite en associant à chaque entier son double (ou à chaque entier pair sa moitié) : $0 \longleftrightarrow 0$, $1 \longleftrightarrow 2$, $2 \longleftrightarrow 4$, $3 \longleftrightarrow 6$, etc.
Les ensembles qu'il est possible de mettre en bijection avec l'ensemble des entiers naturels s'appellent des ensembles « dénombrables », car leurs éléments peuvent être énumérés : le premier élément, le deuxième, le troisième, etc. De nombreux ensembles infinis sont dénombrables, par exemple, l'ensemble des ordinaux inférieurs à 2ω ou encore des ensembles moins exotiques comme l'ensemble $\mathbb{Q}$ des nombres rationnels.
Il est donc naturel de se demander si l'ensemble des nombres réels est lui aussi dénombrable. La réponse est non, et Cantor en a donné une preuve très élégante, basée sur un argument appelé « la diagonale de Cantor ». Il a démontré que l'intervalle de réels $[0;1[$ contient plus de nombres que l'ensemble $\mathbb{N}$ des entiers naturels tout entier.
Tout cela semble très éloigné de l'informatique, mais ce n'est pas le cas. En effet, les représentations informatiques des nombres, construites sur une base binaire, sont intrinsèquement dénombrables. Ainsi, le résultat ci-dessus a pour conséquence qu'il est impossible d'arriver à une représentation fidèle des réels dans un ordinateur.

La diagonale de Cantor

Pour prouver que l'intervalle de réels $[0;1[$ contient plus de nombres que l'ensemble $\mathbb{N}$ des entiers naturels, il faut commencer par supposer que l'intervalle $[0;1[$ est dénombrable. Cela signifie qu'il est possible d'énumérer ses éléments, notés r_1, r_2, r_3, etc. Il ne s'agit pas d'une énumération dans l'ordre croissant, mais peu importe. Chacun de ces réels s'écrit $0, \ldots$. Si jamais il n'y a qu'un nombre fini de chiffres après la virgule, alors, sans perte de généralité, il faut faire suivre le dernier chiffre par une infinité de 0. Ainsi, le nombre $0,3$ devient $0,30000\ldots$. Maintenant, il est possible de construire un nombre $r \in [0;1[$ de la manière suivante : pour le premier chiffre après la virgule de r, en choisir un différent de celui de r_1 ; pour le deuxième chiffre après la virgule de *r*, en choisir un différent de celui de r_2 ; pour le troisième chiffre après la virgule de *r*, en choisir un différent de celui de r_3 ; et ainsi de suite à l'infini. Si tous les nombres de l'intervalle $[0; 1[$ ont bien été énumérés, le nombre *r* devrait apparaître quelque part dans cette énumération. Or, ce n'est pas le cas, puisque, par construction, *r* diffère au moins par un de ses chiffres de chacun des nombres de l'énumération. Cela signifie que l'intervalle $[0; 1[$ n'est pas dénombrable : il y a plus de réels dans l'intervalle $[0; 1[$ que d'entiers dans l'ensemble $\mathbb{N}$. Cette démonstration peut s'adapter à n'importe quel intervalle de réels, aussi petit soit-il.

Objectifs informatiques

Outre l'occasion d'introduire la notion de récursivité, cette énigme permet aussi de s'intéresser à la terminaison des algorithmes. En effet, la conjecture de Syracuse n'étant à ce jour qu'une conjecture, personne n'a encore pu démontrer que la fonction `temps(u,rang)` se termine forcément. Pour certaines valeurs de `u`, elle pourrait théoriquement tourner indéfiniment, en générant des valeurs de plus en plus grandes. Ce n'est pas l'objectif principal de l'énigme, mais dans un cas semblable, une bonne pratique consiste à borner le calcul.

Par exemple, la fonction `tempsborne(u,rang)` ci-dessous est une variante de la fonction `temps(u,rang)` proposée dans la solution. Elle s'arrête au plus tard lorsque le terme de rang 101 est atteint, même si ce n'est pas le temps de vol.

```
def tempsborne(u,rang):
    if u == 1 or rang > 100:
        return u, rang
    if (u % 2) == 0 :
        return tempsborne(u//2,rang+1)
    else :
        return tempsborne(3*u+1,rang+1)
```

Cette fonction permet également de répondre à la question de l'énigme, moyennant une petite modification du programme principal :

```
(i,t)=(1,0)
while t<101 :
    i=i+1
    s,t=tempsborne(i,0)
print("Le temps de vol de "+str(i)+" est au moins de "+str(t))
```

Version itérative

Dans les langages de programmation appartenant au paradigme impératif, comme le Python 3, l'utilisation de la récursivité n'est jamais obligatoire. Cela signifie que toute fonction récursive peut être « dérécursivée », c'est-à-dire qu'il est possible d'écrire une fonction non récursive (le terme technique est « itérative ») équivalente, à l'aide d'une boucle. À titre d'exemple, voici une version itérative de la solution de l'énigme.

Programme 17 – Calcul itératif de la suite de Syracuse et du plus petit entier dont le temps de vol est au moins 100.

```
##version itérative

def syriter (u,n):
    for i in range(1,n+1):
        if u%2==0:
            u=u//2
        else:
            u=3*u+1
    return u

print( syriter (7,16))

def tempsiter(u):
    t=0
    while u>1:
        if u%2==0:
            u=u//2
        else:
            u=3*u+1
        t=t+1
    return t

print(tempsiter(7))

i=1
t=0
while t<101 :
    i=i+1
    t=tempsiter(i)
print("Le temps de vol de "+str(i)+" est de "+str(t))
```

Pour des raisons d'efficacité, il est même courant que les compilateurs dérécursivent automatiquement les fonctions qui ont été écrites récursivement par le programmeur.

11 Courbes de Bézier ☆☆

« A formula can be very simple,
and create a universe of bottomless complexity. »
« Une formule peut être très simple
et créer un univers d'une complexité infinie. »
Benoît Mandelbrot, interview de Erol Morris, 2010.

Il suffit de tracer, à l'aide d'un programme Python 3, les courbes de Bézier quadratiques dont les points de contrôle sont donnés. L'algorithme de construction géométrique utilisé s'appelle « algorithme de Casteljau ». Il est conseillé de prendre une collation avant d'utiliser des feuilles pour s'exercer. En effet, construire les premières étapes de l'algorithme sur papier avec une règle et un crayon permet de mieux comprendre son fonctionnement avant de le coder. Cette activité d'informatique sans ordinateur est un exemple simple qui montre clairement l'importance de manipuler les concepts avant de les programmer.

L'algorithme de Casteljau

Le programme 1 donné dans l'énoncé de l'énigme peut facilement être modifié pour écrire la fonction `segment(x1,y1,x2,y2)` faisant tracer à la tortue un segment à partir de quatre nombres représentant les coordonnées de deux points.
Ensuite, il faut déterminer les coordonnées du milieu d'un segment. C'est le rôle de la fonction `milieu(x1,y1,x2,y2)`. Une fois ces deux outils mis en place, la manière la plus élégante de programmer le tracé est de passer par une fonction récursive.
En plus des six nombres représentant les coordonnées des points de contrôle, il est nécessaire d'introduire un paramètre *n* représentant la profondeur choisie pour le calcul.

En reprenant les notations de l'énoncé :

- le cas d'arrêt se produit lorsque *n* vaut 0 et consiste à tracer les deux segments formant la ligne brisée joignant les trois points de contrôle A, B et C;
- pour le cas général, il faut calculer les coordonnées des trois points D, E et F, et lancer deux appels récursifs en diminuant la profondeur de 1, l'un avec les coordonnées des points A, D et F, et l'autre avec les coordonnées des points F, E et C.

La fonction `bezier(x1,y1,x2,y2,x3,y3,n)` implémente de manière récursive cette stratégie.

Programme 18 – Courbe de Bézier.

```
from turtle import *

def segment(x1,y1,x2,y2) :
    up()
    goto(x1,y1)
    down()
    goto(x2,y2)
    up()

def milieu(x1,y1,x2,y2) :
    return (x1 + x2 )/2.,( y1 + y2) /2.

def bezier(x1,y1,x2,y2,x3,y3,n) :
    if n == 0 :
        segment(x1,y1,x2,y2)
        segment(x2,y2,x3,y3)
    else :
        x4,y4 = milieu(x1,y1,x2,y2)
        x5,y5 = milieu(x2,y2,x3,y3)
        x6,y6 = milieu(x4,y4,x5,y5)
        bezier(x1,y1,x4,y4,x6,y6,n-1)
        bezier(x6,y6,x5,y5,x3,y3,n-1)

bezier(40,80,0,10,60,30,3)
bezier(30,0,40,30,50,60,3)
bezier(70,60,100,80,80,40,3)
bezier(80,40,70,20,100,30,3)

mainloop()
```

Comme le montre le dessin ci-dessous, obtenu avec une profondeur 3, la solution de l'énigme est le nombre 42 (la réponse universelle).

42

Pierre Bézier (01/09/1910 - 25/11/1999)

Figure 34 – Pierre Bézier.

Pierre Bézier était un ingénieur français en mécanique et en électricité travaillant chez Renault. En 1962, il a inventé les courbes qui portent son nom et, plus tard, les surfaces de Bézier, pour construire des courbes et des surfaces lisses. Son objectif était la modélisation numérique de carrosseries de voitures. Ses travaux ont été réutilisés au début des années 1980 par la société Adobe pour élaborer la partie description de courbes et de polices de caractères d'un langage de description de pages, PostScript, un format informatique quasiment universel, jusqu'à ce qu'il soit progressivement remplacé par le format PDF.

Paul de Faget de Casteljau (19/11/1930 -)

Figure 35 – Paul de Casteljau.

L'algorithme de construction des courbes de Bézier (ou plutôt des courbes représentatives des polynômes de Bernstein) présenté dans cette énigme a été inventé, dès 1958, par Paul de Faget de Casteljau, un mathématicien français travaillant chez Citroën. La contribution de Paul de Casteljau est moins connue que celle de Pierre Bézier, car il était soumis à une clause de confidentialité concernant ses travaux et n'a pas eu, avant 1985, l'autorisation de son employeur pour les publier.

Benoît Mandelbrot (20/11/1924 - 14/10/2010)

L'auteur de la citation page 135 est Benoît Mandelbrot, un mathématicien polono-franco-américain polyvalent. Il est surtout connu pour avoir relancé l'interêt de la communauté pour les fractales, à partir d'un article de 5 pages sur la longueur de la côte de la Grande-Bretagne, publié en 1967. Il montre en particulier que cette longueur dépend de l'échelle à laquelle se place l'observateur, et que le tracé de la côte ne correspond exactement ni à un objet de dimension 1 (une courbe), ni à un objet de dimension 2 (une surface), mais à quelque chose *entre les deux*. En termes techniques, il possède une dimension de Hausdorff non entière. C'est précisément une des caractéristiques essentielles des objets fractals.

Par la suite, Benoît Mandelbrot prouve que ces créations mathématiques permettent de modéliser des objets et des comportements dont la complexité mettait jusque-là en échec les scientifiques dans divers domaines. Les principes de cette nouvelle branche des mathématiques sont publiés en 1975 dans un ouvrage qui deviendra un best-seller : *Les Objets fractals - Forme, hasard et dimension*. L'ouvrage présente de très nombreux exemples devenus célèbres en géologie, hydrologie, biologie, mécanique des fluides, astronomie, etc. De plus, il fait découvrir au public des constructions mathématiques comme le flocon de Koch, le triangle de Sierpinski, l'éponge de Menger, etc. Tous ces objets possèdent la propriété d'être identiques, quel que soit le grossissement qui leur est appliqué, ce qui sera appelé plus tard l'autosimilarité (« self-similarity »), une autre caractéristique essentielle des objets fractals.

Figure 36 – Benoît Mandelbrot.

James Gleick, dans son ouvrage *Chaos : Making a New Science*, parle du travail de Benoît Mandelbrot et dit « In the mind's eye, a fractal is a way of seeing infinity. » (Dans l'esprit humain, une fractale est une façon de voir l'infini.).

L'ensemble de Mandelbrot

Au début du XXe siècle, Gaston Julia et Pierre Fatou ont défini l'ensemble constitué de tous les points c du plan complexe pour lesquels la suite suivante de nombres complexes définie par récurrence est bornée :

$$\begin{cases} z_0 = 0 \\ z_{n+1} = z_n^2 + c \end{cases}$$

Cet ensemble ne porte pas le nom de ses créateurs, mais celui de Benoît Mandelbrot, qui, le 1er mars 1980, a réussi à en obtenir une visualisation sur un écran d'ordinateur. Ce sont les chercheurs Adrien Douady et John H. Hubbard qui, au cours de leurs propres travaux sur cet ensemble en 1984, l'ont baptisé ainsi. L'ensemble de Mandelbrot n'est pas autosimilaire en chacun de ses points, mais il l'est sur certains points de sa frontière. Cette propriété lui confère sa qualité d'objet fractal.

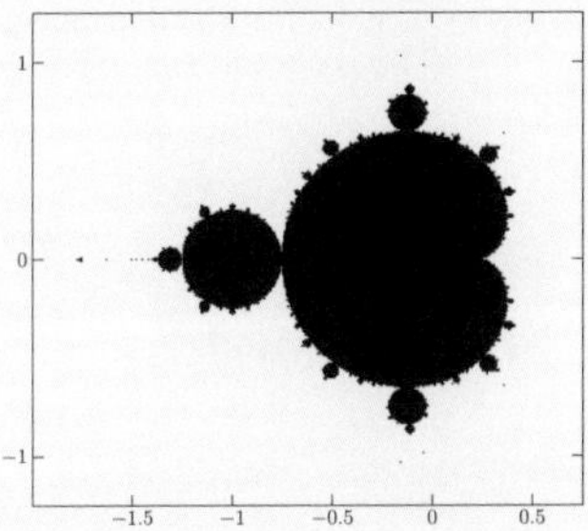

Objectifs informatiques

Cette énigme est l'occasion d'utiliser la bibliothèque `turtle`, et de l'utiliser pour écrire un programme récursif plus élaboré que celui proposé page 123 dans la solution de l'énigme 10 page 33. Il est à noter que l'utilisation de la récursivité est ici bien plus fondamentale que pour le calcul des termes de la suite de Syracuse. En effet, pour écrire une version itérative du tracé des courbes de Bézier, il faut gérer l'insertion, à la place correcte, de nouvelles valeurs dans la liste des coordonnées des extrémités des segments à tracer, ce qui n'est pas du tout facile. Les deux appels récursifs dans la fonction `bezier` permettent de remplacer cette gestion délicate de la liste des coordonnées par celle de la pile des appels récursifs, qui se fait toute seule lors de l'exécution du programme. Pour aller plus loin dans l'utilisation de la bibliothèque `turtle`, voici un programme permettant de tracer le flocon de von Koch.

Programme 19 – Flocon de von Koch.

```
from turtle import *

def Trait(n, L) :
    # Etat initial  : plume baissee, direction trait , a gauche
    # Etat final  :   plume baissee, direction trait , a droite
    if n == 1 :  forward(L)
    else :
        Trait(n-1, L / 3.0)
        left(60)
        Trait(n-1, L / 3.0)
        right(120)
        Trait(n-1, L / 3.0)
        left(60)
        Trait(n-1, L / 3.0)

N = int(input("Nombre de niveaux (entre 1 et 6) : "))
if (type(N) != int) or (N < 1) or (N > 6) :
    print ("Le nombre de niveaux ne correspond pas a la demande")
else :
    Long = 550  # Longueur du trait
    up()
    goto(-300, -180)
    down()
    width(2)
    left(60)
    for k in range(3) :
        Trait(N, Long)
        right(120)
    up()
    goto(0, 0)
```

Ce programme est lui aussi basé sur une approche récursive. Le cas de base consiste à tracer un segment de longueur donnée à partir de la position de la tortue et dans la direction qu'elle indique. Dans le cas général, il y a 4 appels récursifs, obtenus en divisant la longueur par 3 et en faisant tourner la tortue de l'angle nécessaire (60 ou 120 degrés) pour obtenir des triangles équilatéraux.

Quelques fractales célèbres

• En 1904, le mathématicien suédois Helge von Koch a inventé le flocon de von Koch. Il s'agit d'une courbe fractale formant un polygone « creux » (non convexe). La figure de départ est formée des trois côtés d'un triangle équilatéral, et l'algorithme de construction s'applique à chaque côté du triangle. Pour passer d'une étape à la suivante, il faut :

- diviser le segment en trois segments de longueurs égales ;

- puis construire un triangle équilatéral dont la base est le segment médian de la première étape et orienté vers l'extérieur;
- enfin supprimer la base du triangle de la deuxième étape.

À l'étape suivante, ce processus est réitéré sur les quatre nouveaux segments obtenus. En théorie, la construction doit être répétée indéfiniment pour obtenir une courbe fractale, car par définition, il s'agit de la courbe «limite», obtenue après une infinité d'étapes. Il existe des variantes du flocon de von Koch, obtenues en modifiant les valeurs des angles du triangle ou bien la figure géométrique de base, et même en 2D (surfaces de von Koch). La figure suivante montre un côté du flocon de von Koch.

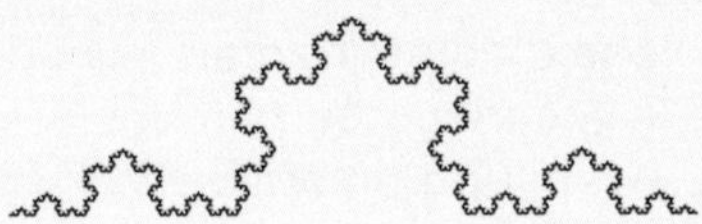

• La courbe de Hilbert a été inventée en 1891 par le mathématicien allemand David Hilbert. Il s'agit d'une ligne brisée obtenue à partir de segments orthogonaux. Le motif de base est composé de trois côtés d'un carré. À chaque étape, la longueur des côtés est divisée par 3. Chaque «coin» d'un motif de l'étape précédente est remplacé par le nouveau motif, selon la même orientation, et chaque «extrémité» est aussi remplacée par le nouveau motif, mais tourné d'un quart de tour, chacun dans un sens, de façon que les «ouvertures» soient vers l'extérieur. Il ne reste plus qu'à relier de proche en proche les extrémités des motifs pour obtenir la courbe de l'étape suivante :

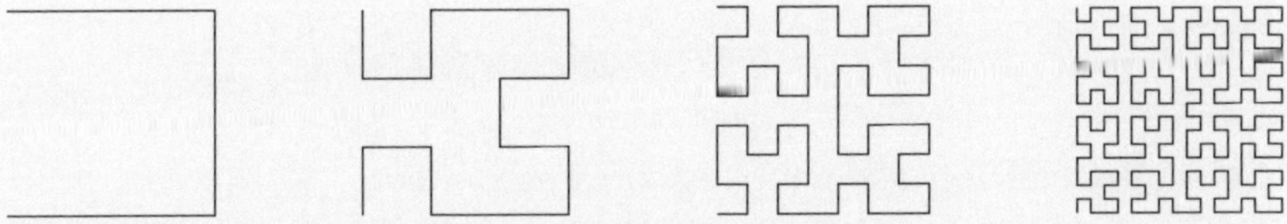

La courbe fractale obtenue après une infinité d'itérations possède la propriété de passer par chacun des points du carré bâti à partir du motif initial. La courbe de Peano, inventée par Giuseppe Peano en 1900, est une autre fractale formée d'une seule courbe qui remplit un carré.

• Il existe des fractales obtenues à partir d'objets en deux dimensions. Ainsi, le triangle de Sierpinski a été inventé par Waclaw Sierpinski en 1915. Il est construit à partir d'un triangle équilatéral décomposé en quatre triangles équilatéraux de même aire, en retirant récursivement celui du centre (qui «pointe vers le bas»), comme le montre la figure ci-contre.

Pour sa part, l'éponge de Menger est un solide fractal dans l'espace à trois dimensions, constitué de cubes (voir la figure ci-contre). Elle a été décrite par Karl Menger en 1926.

De même, le flocon de Mosely, dû à Jeannine Mosely, est un solide fractal obtenu par une construction analogue à celle de l'éponge de Menger et qui ressemble au flocon de von Koch.

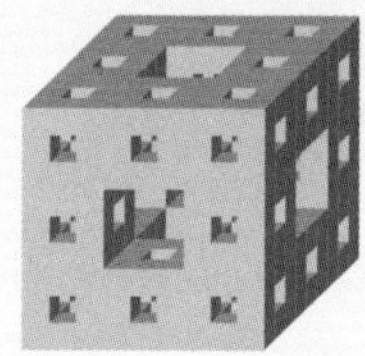

Pour terminer ce florilège d'objets fractals, la courbe du dragon, ci-contre, a été inventée par J.E. Heighway. Cette courbe ne se recoupe jamais. En 1967, Martin Gardner l'a présentée dans sa chronique de jeux mathématiques du *Scientific American*, car sa construction est simple. À chaque étape, la courbe obtenue est composée de segments qui se suivent à angle droit. Au départ, il n'y a qu'un seul segment. Pour passer d'une étape à la suivante, en suivant la courbe, il s'agit de remplacer chaque segment rencontré par deux segments à angle droit en effectuant une rotation de 45° alternativement à droite puis à gauche.

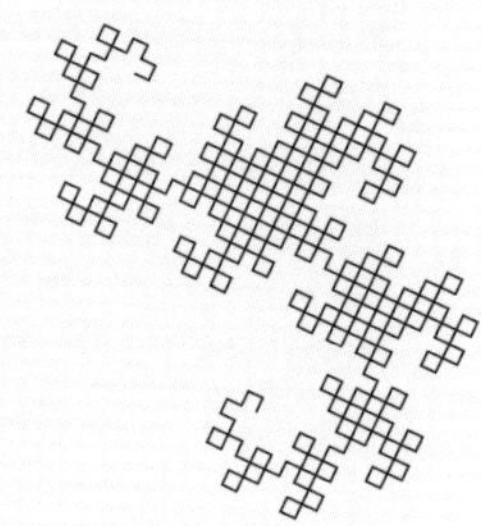

David Hilbert (23/01/1862 - 14/02/1943).

Ce mathématicien allemand est un des derniers grands esprits universels en mathématiques, et l'éventail de ses contributions couvre la plupart des domaines des mathématiques de son époque. Considéré comme l'un des plus importants mathématiciens du XXe siècle, il a apporté de nombreuses avancées fondamentales en géométrie (avec l'axiomatisation de la géométrie euclidienne), en analyse fonctionnelle (avec les espaces de Hilbert), en théo-

Figure 37 – David Hilbert.

rie des nombres, etc. Lors du deuxième congrès mondial de mathématiques en 1900 à Paris, il était considéré comme l'un des chefs de file de la communauté. Lors de sa conférence, il dressa une liste de 23 problèmes, non résolus à l'époque, et qui allaient avoir, selon lui, une grande importance pour la discipline dans le futur. De nos jours, douze de ces problèmes ont été totalement résolus, cinq sont encore ouverts et les autres ont été en partie résolus. Mais surtout, plusieurs d'entre eux ont effectivement façonné des développements fondamentaux des mathématiques au XXe siècle. Ayant lui-même publié une axiomatisation de la géométrie euclidienne en 1899, David Hilbert était persuadé que ce travail pouvait être étendu à l'ensemble des mathématiques, comme en témoigne, par exemple, le deuxième problème de sa liste des 23 problèmes de 1900 (prouver la cohérence de l'arithmétique). À partir de 1920, il créé un projet visant cet objectif, connu sous le nom de « Programme de Hilbert ». Mais en 1930, les célèbres théorèmes d'incomplétude de Gödel, en résolvant par la négative le deuxième problème de Hilbert, démontrent l'impossibilité de le réaliser.
Pour finir, il faut aussi évoquer l'influence de Hilbert sur le travail d'Alan Turing, l'un des pères fondateurs de l'informatique. En effet, le titre de l'article de 1936 où Turing définit la notion de calculabilité à l'aide de ses fameuses « machines de Turing » est *On Computable Numbers, with an Application to the Entscheidungsproblem.* (À propos des nombres calculables, avec une application au problème de la décision). Or, l'*Entscheidungsproblem* (« problème de la décision »), a été énoncé par David Hilbert en 1922 : il s'agit de trouver une méthode effectivement calculable (en termes modernes, un algorithme) pour décider si un énoncé mathématique est ou non démontrable. Dans son article, il prouve l'indécidabilité du problème de la halte, montrant ainsi qu'il n'existe aucun algorithme permettant de décider en toute généralité si un calcul informatique va se terminer ou bien continuer indéfiniment.

12 Au temps des Grecs ☆☆

«Le rire est une chose sérieuse avec laquelle il ne faut pas plaisanter.»
Raymond Devos.
«Les fous ne sont plus ce qu'ils étaient» d'après Raymond Devos.

L'idée est d'écrire un programme qui fait subir au texte chiffré une transformation correspondant à l'enroulement d'un ruban sur un bâton de taille donnée a priori. Cette taille n'étant pas forcément la bonne, il faudra ensuite tester différentes tailles de bâton jusqu'à ce que le texte obtenu signifie quelque chose.

Dans l'exemple de la page 40, le texte

JENEPERDSJAMAISSOITJEGAGNESOITJAPPRENDS

de 39 caractères a été chiffré avec un bâton de circonférence 3, pour donner le chiffré suivant :

JISESONSIEOTPIJETARJPDEPSGRJAEAGNMNDAES

Le chiffrement a été obtenu à la main par l'intermédiaire du découpage en trois lignes :

JENEPERDSJAMA
ISSOITJEGAGNE
SOITJAPPRENDS

Ce même découpage permet le déchiffrement à la main, comme expliqué dans les indices. Le programme Python 3 réalisant le déchiffrement est basé sur la reconstitution par le calcul de ce découpage, pour une taille de bâton (c'est-à-dire un nombre de lignes) fixée à l'avance.

Le tableau ci-dessous montre que les 13 premières lettres du texte en clair se trouvent aux indices 0, 3, $6=2\times 3$, $9=3\times 3$, $12=4\times 3$, etc. de la chaîne de caractères représentant le chiffré. La dernière lettre obtenue de cette façon est un A à l'indice $36=12\times 3$. Les lettres ainsi déterminées sont JENEPERDSJAMA.

0	1	2	3	4	5	6	7	8	9	10	11	12	13	14	15
J	I	S	**E**	S	O	**N**	S	I	**E**	O	T	**P**	I	J	**E**

16	17	18	19	20	21	22	23	24	25	26	27	28	29
T	A	**R**	J	P	**D**	E	P	**S**	G	R	**J**	A	E

30	31	32	33	34	35	36	37	38
A	G	N	**M**	N	D	**A**	E	S

Les treize lettres suivantes, ISSOITJEGAGNE, apparaissent respectivement aux indices 1+0×3, 1+1×3, etc. jusqu'à 1+12×3. Et enfin, les treize dernières lettres, SOITJAPPRENDS, correspondent aux indices de la forme 2+j×3, où je prends successivement toutes les valeurs de 0 à 12.

Ainsi, dans cet exemple, le déchiffrement se fait en trois phases successives, correspondant chacune à la reconstitution d'une ligne et comportant chacune treize étapes, soit 39 divisé par 3. Dans le cas général, avec un bâton de taille `tbaton`, et un texte composé de `longueurtexte` caractères, il y aurait `tbaton` phases comportant `longueurtexte//tbaton` étapes. Dans un premier temps, il est plus simple de supposer que la division « *tombe juste* », c'est-à-dire que :

`longueurtexte=tbaton*(longueurtexte//tbaton).`

Le raisonnement précédent fait apparaître deux boucles `for` imbriquées. La boucle extérieure correspond aux `tbaton` phases successives, tandis que la boucle intérieure correspond aux `longueur //tbaton` étapes à l'intérieur de chaque phase. Les lettres trouvées doivent être concaténées au fur et à mesure dans une chaîne de caractères `resultat`.

Dans le cas où la division `longueurtexte//tbaton` « *ne tombe pas juste* », cela signifie que la dernière ligne du tableau n'est pas pleine, mais aussi que le nombre de caractères par ligne pleine n'est pas `longueurtexte//tbaton` mais `(longueurtexte//tbaton)+1`. Ainsi, le découpage en trois lignes du texte clair JENEPERDSJAMAISSOITJEGAGNESOITJAPPRENDSZ devient :

```
JENEPERDSJAMAI
SSOITJEGAGNESO
ITJAPPRENDSZ
```

Une façon de traiter le cas général consiste à effectuer systématiquement `(longueurtexte//tbaton)+1` étapes dans la boucle intérieure, et de n'effectuer un traitement que si l'indice obtenu ne dépasse pas `longueurtexte-1`, pour éviter l'apparition d'une erreur à l'exécution.

Le programme 20 permet d'enrouler un texte chiffré avec la méthode de la scytale sur des bâtons de tailles comprises entre 2 et 9 (par exemple). La taille de bâton de 1 n'est pas très intéressante, car elle ne produit aucun chiffrement. Il n'est pas possible d'être certain, avant d'exécuter le programme, que la taille de bâton recherchée est bien comprise entre 2 et 9. En cas d'échec, il faudrait essayer avec des tailles de bâton plus grandes.

Programme 20 – Enrouler un ruban sur des bâtons de diverses tailles.

```
##Déchiffrement d'un texte chiffré avec la méthode de la scytale

##Ouverture d'un fichier texte en lecture
##et chargement du contenu sous la forme d'une chaîne de caractères
fichier = open('../Enigmes/Enigme12.txt','r')
texte=fichier.read()
fichier.close()

##Essais de déchiffrement avec des bâtons de diamètres 2 à 9
longueurtexte=len(texte)
for tbaton in range(2,10) :
    resultat=""
    ##La boucle externe correspond aux différentes phases de déchiffrement
    for i in range(tbaton) :
        ##La boucle interne correspond aux différentes étapes à l'intérieur de chaque phase
        for j in range(longueurtexte//tbaton+1) :
            if i+tbaton*j<longueurtexte :
                resultat= resultat + texte[i+tbaton*j]
    print(" taille du bâton "+str(tbaton))
    print(resultat)
```

Solution de l'énigme

Le texte suivant est obtenu avec une taille de bâton de 5.

```
À tort ou à raison. On ne sait jamais qui a raison
ou qui a tort. C'est difficile de juger. Moi, j'ai
longtemps donné raison à tout le monde. Jusqu'au
jour où je me suis aperçu que la plupart des gens à
qui je donnais raison avaient tort ! Donc, j'avais
raison ! Par conséquent, j'avais tort ! Tort de
donner raison à des gens qui avaient le tort de
croire qu'ils avaient raison. C'est-à-dire que
moi qui n'avais pas tort, je n'avais aucune raison
de ne pas donner tort à des gens qui prétendaient
avoir raison, alors qu'ils avaient tort ! J'ai
raison, non ? Puisqu'ils avaient tort ! Et sans
raison, encore ! Là, j'insiste, parce que ... moi
aussi, il arrive que j'aie tort. Mais quand j'ai
```

```
tort, j'ai mes raisons, que je ne donne pas. Ce
serait reconnaître mes torts !!! J'ai raison, non ?
Remarquez ... il m'arrive aussi de donner raison
à des gens qui ont raison aussi. Mais, là encore,
c'est un tort. C'est comme si je donnais tort à
des gens qui ont tort. Il n'y a pas de raison ! En
résumé, je crois qu'on a toujours tort d'essayer
d'avoir raison devant des gens qui ont toutes les
bonnes raisons de croire qu'ils n'ont pas tort !
```

Il s'agit du sketch « À tort ou à raison » de Raymond Devos.

Raymond Devos (1922-2006)

Raymond Devos est un humoriste franco-belge, un génial manipulateur de mots jamais passifs, comme le dit Joël Martin dans *La bible du contrepet*, une bible qui compte pour décaler les sons. Il est connu pour ses jeux de mots et son sens de l'absurde. Il excellait aussi dans le mime et avait un goût pour les paradoxes cocasses, le non-sens et la dérision. Il n'est pas rare de devoir écouter ou lire plusieurs fois ses textes pour en comprendre toute l'essence*.

Il avait l'art de jouer avec le langage pour concevoir des phrases pleines d'humour, par exemple :

- « Le portier c'est le seul qu'on met à la porte le jour où on l'engage. »
- « Si ma femme doit être veuve un jour, j'aimerais mieux que ce soit de mon vivant. »
- « Je crois à l'immortalité et pourtant je crains bien de mourir avant de la connaître. »
- « Ne rien faire, ça peut se dire. Ça ne peut pas se faire ! »

Figure 38 – Raymond Devos.

Cette dernière citation est extraite de son célèbre sketch « Parler pour ne rien dire ». L'ouvrage posthume *Rêvons de mots*, publié en 2007, contient des pensées, des anecdotes et des extraits de sketches inédits, recueillis par Pierre Herran, secrétaire et régisseur de Raymond Devos entre 1972 et 2006.

---

* ou bien tous les sens, jeu de mots qu'il a utilisé dans son sketch « Le plaisir des sens. »

Objectifs informatiques

Cette énigme comporte deux difficultés algorithmiques :

- la mise en place de deux boucles `for` imbriquées;
- la gestion arithmétique fine des indices des caractères dans une chaîne en utilisant les deux compteurs des boucles.

Dérouler un ruban

Pour concevoir cette énigme, il faut commencer par choisir la valeur `tbaton`, et ensuite prendre les caractères dans l'ordre suivant : celui à la position `0`, celui à la position `longueurtexte// tbaton`, puis celui à la position `2*longueurtexte// tbaton`, et ainsi de suite.
Comme pour le programme 20 page 146, la finesse réside dans la gestion des indices compris entre `tbaton*(longueurtexte//tbaton)` et `longueurtexte-1`.

Programme 21 – Chiffrer un texte avec la méthode de la scytale.

```
##Chiffrement d'un texte avec la méthode de la scytale

##Ouverture d'un fichier texte en lecture
##et chargement du contenu sous la forme d'une chaîne de caractères
fichier = open('Complement12.txt','r')
texte=fichier.read()
texte=texte.replace('\n',' ')
fichier.close()

longueurtexte=len(texte)
tbaton=int(input("Saisir la taille du baton\n"))
resultat=""
for i in range(longueurtexte//tbaton+1) :
    for j in range(tbaton) :
        if i+j*(longueurtexte//tbaton)<longueurtexte :
            resultat= resultat + texte[i+j*(longueurtexte//tbaton)]
print(resultat)
```

Ainsi, le texte de Raymond Devos donne le chiffré de l'énigme.
Dans le programme 20 page 146 comme dans le programme 21, la gestion de la mémoire n'est pas optimale. En effet, les chaînes de caractères étant des objets *non mutables* en Python, l'exécution répétée de l'assignation `resultat=resultat+texte[...]` a pour effet, chaque fois, de créer une nouvelle chaîne, à un nouvel emplacement, et d'y écrire la

nouvelle valeur. Pour éviter cela, il est possible de modifier le programme pour travailler à la place avec un objet *mutable*, comme une liste.
Pour cela, avant les boucles, l'initialisation devient : `resultat=[]`. À l'intérieur des boucles, la mise à jour est : `resultat.append(texte[i+j*(longueurtexte//tbaton)])`.
Enfin, après les boucles, la liste peut être transformée en une chaîne de caractères pour donner un affichage plus élégant par l'instruction : `resultat=''.join(resultat)`.

13 Un arbre quaternaire ☆☆

« Squares was the logical thing to do. Of course, the logical thing was not the only possibility… but we used squares. It was something very foolish that everyone in the world has been suffering from ever since. »

« Les carrés étaient la chose logique à faire. Bien sûr, la chose logique n'était pas la seule possibilité… mais nous avons utilisé des carrés. C'était quelque chose de très stupide dont tout le monde a souffert depuis. »

Russell Kirsch, interview dans *WIRED* par Rachel Ehrenberg, le 28 Juin 2010.

Russell Kirsch (20/06/1929 – 11/08/2020)

Russell Kirsch était ingénieur au NIST. Il a inventé le scanner d'image et introduit la notion de pixel, qui est la contraction des termes anglais « picture element ». C'est la plus petite unité graphique sur un écran. Il existe deux méthodes pour représenter les couleurs des pixels qui s'inspirent de la nature. La première, RGB (pour Red Green Blue) est additive comme lorsque des tubes de peinture sont mélangés. La seconde, CMYK (pour Cyan, Magenta, Yellow et Key – pour Black) est soustractive, comme lorsque des lumières de différentes couleurs sont superposées.

Pour résoudre cette énigme, il faut transformer en une image l'arbre quaternaire de l'énoncé. Cela peut se faire à la main mais un programme Python 3 est clairement plus rapide et plus fiable. Pour ce faire, le format d'image `PPM` est particulièrement adapté.

Format d'images

Sur un ordinateur ou un smartphone, l'écran constitue un élément principal de l'interaction avec la machine. Les images sont donc au cœur de l'utilisation de ces objets, et leur qualité, leur taille et les moyens de les manipuler constituent des éléments importants de l'interaction homme-machine. Il existe de nombreux formats de fichiers d'image. Les cinq les plus utilisés en informatique sont : `BMP`, `TIFF`, `GIF`, `JPEG` ou `JPG` et `PNG`.

BMP (Windows BitMaP) : Ce format est l'un des premiers qui a été utilisé en informatique. Il est simple car chaque pixel est représenté par un caractère. Il ne compresse pas les images, ce qui le rend très volumineux. Il n'est quasiment plus utilisé.

TIFF (Tagged Image File Format) : Ce format est orienté vers les professionnels (imprimeurs, publicitaires, ...). Il permet d'obtenir une image de très bonne qualité, mais sa taille reste volumineuse, même si elle est inférieure à celle des fichiers `BMP`, car les fichiers `TIFF` peuvent être compressés (compression LZW).

GIF (Graphics Interchange Format) : Ce format est l'un des standards d'internet. Les fichiers sont de petite taille car les images ne contiennent que 256 couleurs. Il permet d'avoir des parties d'image transparentes.

JPEG (Joint Photographic Expert Group) : Ce format offre plusieurs taux de compression qui affectent la qualité de l'image. Il est devenu le standard des formats d'image sur internet, car on obtient des images plus petites grâce à la compression. Ceci permet de les charger rapidement, même avec une connexion bas débit.

PNG (Portable Network Graphic) : C'est le standard pour internet, car il autorise la transparence, comme le format `GIF`, mais aussi 16,7 millions de couleurs. Il permet aussi la compression de données.

Il y a aussi le format de fichier `RAW` qui n'est pas un standard, mais qui désigne les fichiers créés par les appareils numériques réflexes ou bien les scanners. Ce format se caractérise par le fait qu'il est quasiment constitué des informations « brutes » captées par l'appareil.
Il est possible de classer les formats d'image en deux grandes familles :

- Les images dites « matricielles » (*BitMap*) peuvent représenter des photos, des dessins, etc. Ces images en couleurs ou en noir et blanc sont constituées de tous les points (*pixels*) de l'image. Agrandir ou rétrécir ces images pose certains problèmes pour déterminer les pixels de la nouvelle image. En revanche, elles sont souvent d'une grande qualité car elles contiennent toute l'information.

- Les images dites «vectorielles» sont formées de courbes qui définissent des formes à l'aide d'équations. Même pour des formes complexes, les images vectorielles nécessitent moins de place en mémoire que les images BitMap. De plus, elles supportent parfaitement le changement d'échelle.

Format d'images matricielles

Parmi les images représentées de manière matricielle, il y a des formats d'images compressés et des formats non compressés.

Les formats non compressés

Certains formats d'image, comme les formats `BMP` (*Windows BitMaP*), `PPM` (*Portable PixMap file format*), `PGM` (*Portable GrayMap file format*) et `PBM` (*Portable BitMap file format*), n'effectuent pas de compression, c'est-à-dire que tous les pixels sont présents dans l'image. L'avantage de ces formats est la qualité des images, car sans compression il n'y a pas de perte de qualité. En revanche, cela donne des fichiers de grande taille. Par exemple, une image `BMP` de 800 × 600 pixels occupe 1,37 Mo.

Les formats `PPM`, `PGM` et `PBM` sont simples à expliquer mais sont très volumineux puisque les pixels sont représentés par des caractères ASCII qui occupent 1 octet chacun.

Le format `PBM` a été défini par Jef Poskanzer dans les années 1980, pour des images monochromes codées en texte ASCII. Puis, en 1988, il a développé les formats `PGM` (pour les images en niveaux de gris) et `PPM` (pour les images en couleurs). Ces fichiers sont construits comme suit :

- Le nombre du format : P1 pour les images en noir et blanc, P2 pour celles en niveaux de gris et P3 pour celles en couleurs;
- Un caractère d'espacement qui peut être une espace, une tabulation ou une nouvelle ligne;
- La largeur de l'image;
- Un caractère d'espacement;
- La hauteur de l'image;
- Pour les formats PGM et PPM, un caractère d'espacement, suivi d'un nombre représentant le nombre de couleurs utilisées;
- Un caractère d'espacement;

- Les données binaires de l'image :
  - l'image est codée ligne par ligne en partant du haut ;
  - chaque ligne est codée de gauche à droite.

De plus, toutes les lignes commençant par # sont ignorées.

PBM : ces images utilisent le caractère 1 pour les pixels noirs et 0 pour les pixels blancs, comme l'image suivante qui représente la lettre `J`.

```
P1
#  Image de la lettre "J"
6 10
0 0 0 0 1 0
0 0 0 0 1 0
0 0 0 0 1 0
0 0 0 0 1 0
0 0 0 0 1 0
0 0 0 0 1 0
1 0 0 0 1 0
0 1 1 1 0 0
0 0 0 0 0 0
0 0 0 0 0 0
```

PGM : ces images sont constituées de caractères qui représentent des niveaux de gris dont la valeur maximale inférieure à 65536 (codée en caractères ASCII) est fixée dans l'image. Par exemple, avec 15 niveaux de gris possibles, le noir codé par 0 et le blanc par la valeur maximale 16, il est possible de construire l'image suivante.

```
P2
# Affiche le mot "LOOP"
24 7
15
0  0  0  0  0  0  0  0  0  0  0  0  0  0  0  0  0  0  0  0  0  0  0  0
0  3  0  0  0  0  0  7  7  7  7  0  0  11 11 11 11 0  0  15 15 15 15 0
0  3  0  0  0  0  0  7  0  0  7  0  0  11 0  0  11 0  0  15 0  0  15 0
0  3  0  0  0  0  0  7  0  0  7  0  0  11 0  0  11 0  0  15 15 15 15 0
0  3  0  0  0  0  0  7  0  0  7  0  0  11 0  0  11 0  0  15 0  0  0  0
0  3  3  3  3  0  0  7  7  7  7  0  0  11 11 11 11 0  0  15 0  0  0  0
0  0  0  0  0  0  0  0  0  0  0  0  0  0  0  0  0  0  0  0  0  0  0  0
```

PPM : Cette fois, les pixels sont colorés. Il faut indiquer pour chaque pixel 3 valeurs qui indiquent les proportions de rouge, de vert et de bleu. La valeur maximale des couleurs, inférieure à 65536 (codée en caractères ASCII), est fixée dans l'image. Par exemple, dans le code suivant, cette valeur vaut 255 et l'image représente un rectangle rouge (255,0,0), vert (0,255,0) et bleu (0,0,255) sur la première ligne et un rectangle jaune (255,255,0), blanc (255,255,255) et noir (0,0,0) sur la seconde ligne.

```
P3
# par 3 colonnes et 2 lignes,
3 2
# ayant 255 pour valeur maximum
255
255   0   0     0 255   0     0   0 255
255 255   0   255 255 255     0   0   0
```

Les formats compressés

Les formats d'image représentant l'ensemble des pixels sont très volumineux. Il existe plusieurs mécanismes de compression de données qui réduisent la taille des fichiers. Parmi ceux-là, deux grandes familles : les méthodes de compression d'image sans perte et celles avec perte.

Image vectorielle

Il existe de nombreux formats de fichiers vectoriels, comme Postscript, PDF, Adobe Flash, Illustrator ou SVG. Le format standard des images vectorielles est un format PostScript appelé l'EPSF pour *Encapsulated PostScript File*, ce qui signifie PostScript encapsulé. Son extension est .eps ou .epsf. Les images vectorielles sont moins volumineuses que les images matricielles et passent sans déformation à l'échelle. Ces images sont constituées uniquement de formules qui permettent de tracer les courbes les constituant. Les courbes de Bézier (cf. énigme 11) sont un des types de courbes souvent utilisées dans ces images.

Transformation d'un quadtree en image

Les images sont représentées par des matrices (liste de listes en Python 3). Ensuite, il faut penser à réaliser une fonction `concatenation` qui agrège 4 images en suivant l'ordre des quadtrees, à savoir NO, NE, SO et

SE. Cette fonction construit une image pleine de zéros de la taille voulue avec la fonction `zeros` de la bibliothèque `numpy`. En parcourant chaque élément de cette matrice, une copie des éléments en fonction de leur place est alors réalisée.
Ensuite, la fonction récursive `affichage`, prenant en paramètres un quadtree et une taille, permet de reconstruire l'image. Si la valeur d'un quadtree de taille `t` vaut `0` ou `1`, il faut alors construire une image ne contenant respectivement que des `0` ou des `1`. Sinon, il faut assembler les 4 images retournées par les appels récursifs à la fonction `quadtreetoimg` sur chaque partie du quadtree courant.
Il faut ensuite mettre dans un fichier au format `PPM` l'image construite (comme cela a déjà été fait dans l'image de l'énigme 5).

Programme 22 – Transformation d'un quadtree vers une image ppm.

```
import numpy as np

def concatenation(nw,ne,sw,se,taille):
    res=np.zeros([ taille , taille ])
    for i in range(taille):
        for j in range(taille):
            if i< taille //2:
                if j< taille //2:
                    res[i,j]=nw[i,j]
                else:
                    res[i,j]=ne[i,j- taille //2]
            else:
                if j< taille //2:
                    res[i,j]=sw[i- taille //2,j]
                else:
                    res[i,j]=se[i- taille //2,j- taille //2]
    return res

def quadtreetoimg(quadtree,taille):
    if quadtree==0:
        return np.zeros([ taille , taille ])
    elif quadtree==1:
        return np.ones([ taille , taille ])
    else:
        return concatenation(quadtreetoimg(quadtree[0],taille//2),
                             quadtreetoimg(quadtree[1],taille//2),
                             quadtreetoimg(quadtree[2],taille//2),
                             quadtreetoimg(quadtree[3],taille//2), taille )

qt =  [[0,0,0,[1,0,0,0]],\
       [0,0,[0,1,0,0],0],\
        [0,0,0,[[1,0,0,1],[0,0,1,1],0,0]],\
        [0,0,[[0,0,1,1],[0,1,1,0],0,0],0]]

lignes = 16
img = quadtreetoimg(qt,lignes)

```

```
fichier = open("solution-quadree.ppm", "w")
fichier.write("P1 \n# Quadree \n")
fichier.write(str(lignes)+" "+str(lignes)+" \n")
for i in range(lignes):
    for j in range(lignes):
        fichier.write(str(int(img[i,j])))
    fichier.write("\n")
fichier.close()
```

Ainsi, l'image ci-dessous apparaît.

Objectifs informatiques

L'objectif de cette énigme est d'introduire les notions suivantes :

- découvrir les formats d'images numériques;
- s'initier à la manipulation des images au format `PPM`;
- représenter une matrice par une liste de listes;
- manipuler des listes de listes;
- écrire dans un fichier;
- réaliser une fonction récursive.

14 Les sept ponts de Königsberg ☆☆☆

« La gloire est un pont jeté sur un abîme. »
Honoré de Balzac, *Pensées, sujets, fragments*, 1910.

Honoré de Balzac (20/5/1799 - 18-08/1850)

Célèbre écrivain français, il a écrit plus de 90 romans et nouvelles. Il est connu pour plusieurs de ses œuvres réunies sous le titre de la *Comédie humaine*. Son objectif est de décrire d'une manière réaliste les *espèces sociales* de son époque au travers de ses personnages comme dans *Le Père Goriot* ou *Eugénie Grandet*. Il a inspiré de nombreux auteurs comme Émile Zola, Guy de Maupassant ou Marcel Proust.

Figure 39 – Honoré de Balzac.

En 1736, Euler résout le problème des sept ponts de Königsberg et énonce le théorème suivant : *un graphe connexe admet un circuit eulérien si, et seulement si, tous ses sommets sont de degré pair*. Ainsi, le graphe qui correspond au problème des sept ponts de Königsberg n'est pas eulérien : il n'est donc pas possible pour Euler de passer une et une seule fois par chaque pont de la ville et de revenir à son point de départ. Dans tous les cas, il va louper un petit pont.

Pour démontrer ce résultat, il faut d'abord montrer que, si un graphe connexe admet un circuit eulérien, alors tous ses sommets sont de degré pair. Soit un circuit eulérien et un de ses sommets *i* : partant de *i*, le circuit revient à ce sommet par une autre arête, ce qui fait au moins deux arêtes pour ce sommet. Ensuite, chaque sommet est visité par deux arêtes distinctes à chaque visite, ce qui montre la parité du nombre d'arêtes par sommet. Ainsi, tous ses sommets sont de degré pair.

Il reste à montrer que, si tous les sommets sont de degré pair, alors un graphe connexe admet un circuit eulérien. La démonstration est constructive et suit l'algorithme proposé par Carl Hierholzer, un mathématicien badois. Partant d'un sommet du graphe, il est possible de construire un circuit, car les degrés des sommets sont pairs, et donc de construire une partition du graphe en différents circuits. Ensuite, il suffit de les fusionner pour obtenir un circuit eulérien.

Pour modéliser un graphe, il y a plusieurs possibilités. Pour résoudre cette énigme, le choix a été fait de modéliser un graphe par un dictionnaire en Python 3 qui contient, pour chaque sommet, la liste de ses voisins. Pour modéliser le graphe de l'énigme, il est possible, par exemple, de numéroter les sommets en partant de 0 comme suit. Ainsi, le graphe ci-dessous se modélise par le dictionnaire suivant :

```
graphe = {
    0 : [1, 2],
    1 : [0, 2, 4, 5],
    2 : [0, 1, 3, 4, 5, 6],
    3 : [2, 4],
    4 : [1, 2, 3, 5, 6, 8],
    5 : [1, 2, 4, 6, 7, 8],
    6 : [2, 4, 5, 7],
    7 : [5, 6, 8, 9],
    8 : [4, 5, 7, 9],
    9 : [7, 8],
}
```

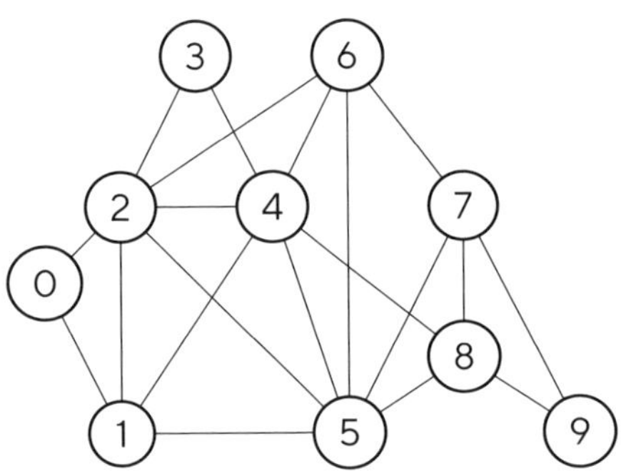

Ce graphe est eulérien, voici le cycle trouvé par le programme :
`[0,1,4,6,2,5,6,7,8,9,7,5,8,4,2,3,4,5,1,2,0].`

Dictionnaire

Les dictionnaires en Python 3 sont des collections d'objets non ordonnées. Un dictionnaire contient des éléments qui sont composés d'une clé pour y accéder et d'une valeur. Une clé doit être unique, ainsi les doublons ne sont pas autorisés. Si deux valeurs sont saisies pour la même clé, alors la seconde valeur saisie écrase la première.

```
d = {} # Dictionnaire vide

d = {
        '3' : '2+1',
        '5' : '10//2',
        '3' : '6//2' # 2eme cle pour '3' qui ecrase la premiere
}

print(d)               # affiche {'5': '10//2', '3': '6//2'}
d['5'] = '3+2'         # modifie la valeur de la cle '5'
d['6'] = '3*2'         # ajoute une nouvelle entree
print(d)               # affiche {'5': '3+2', '3': '6*2'}
print(d.get('5'))      # affiche 3+2
print(d['5'])          # affiche 3+2
item = d.pop('6')      # supprime l'entree '6' et retourne sa valeur dans item
print(d)               # affiche {'3': '6//2', '5': '3+2'}
```

Comme les listes, en Python 3, les dictionnaires sont des objets mutables et dynamiques. Un dictionnaire peut contenir des objets de n'importe quel type. Les dictionnaires sont souvent utilisés pour créer des structures de données complexes modifiables. De plus, ils sont hachés en RAM* et il est donc plus rapide d'accèder à une clé qu'à un élément d'une liste.

*Random Access Memory

Construire un chemin eulérien

Dans cette énigme, un graphe est représenté par un dictionnaire de sommets et de la liste de leurs voisins. Le programme 23 contient la fonction `possede_un_circuit_eulerien` qui détermine si un graphe possède un circuit eulérien en vérifiant que le nombre d'arêtes par sommet est pair en les parcourant les uns après les autres.

Programme 23 – Déterminer si un graphe est eulérien.

```
def possede_un_circuit_eulerien(graphe) :
    # tester  que tous les  sommets ont un nombre pair de voisins
    for  connexions in graphe.values() :
        if  len(connexions) % 2 != 0 :
            return False
    return True

if  possede_un_circuit_eulerien(graphe) is  False  :
    print('Ce graphe ne contient pas de chemin eulerien.')
else  :
    print('Ce graphe est eulerien')
```

Les fonctions du programme 24 permettent de construire un chemin eulérien si le graphe l'est. D'après l'algorithme proposé par Carl Hierholzer en 1873, il faut d'abord savoir construire un cycle dans un graphe. Ensuite, il faut construire un autre cycle à partir d'un des sommets du premier cycle construit. Pour cela, il suffit de relier les cycles entre eux pour obtenir un plus grand cycle et de recommencer le processus jusqu'à ce qu'il n'y ait plus de sommets disponibles. Ainsi, le cycle construit sera un circuit eulérien. Comme le graphe est eulérien, chaque sommet a un nombre de voisins pair. Il est ainsi possible de construire un nouveau cycle à partir d'un sommet qui possède encore des voisins qui ne sont pas dans le cycle eulérien en construction.
La fonction `premier_sommet_connecte` prend en entrées un graphe et un sommet et trouve un voisin du sommet donné. La fonction `sommet_avec_des_connexions` prend comme paramètres un circuit et un graphe. Elle retourne le premier sommet du circuit qui possède encore un voisin disponible dans le graphe. Dans la solution en ligne, un seul fichier Python 3 est donné pour les deux questions de l'énigme.

Programme 24 – Construction d'un graphe eulérien.

```
def premier_sommet_connecte(graphe, sommet) :
    # Trouve un voisin  d'un sommet donne
    for  s,  connexions in graphe.items() :
        if  sommet in connexions :
            return s
    return None

def sommet_avec_des_connexions(circuit, graphe) :
    # Cherche le premier sommet du circuit auquel il  reste  un voisin
    for  sommet in circuit :
        if  graphe.get(sommet, None) is not None and len(graphe[sommet]) > 0 :
            return sommet
    return None

def  construction_circuit_eulerien (graphe, premier_sommet) :
```

```
    # Initialisation  du circuit  et du sommet courant avec le premier sommet
    circuit  = [premier_sommet]
    sommet_courant = premier_sommet

    # Tant qu'il  reste  des connexions non utilisees
    while sommet_courant is not None :
        # Initialisation  d'un nouveau cycle avec le sommet courant
        cycle  = [sommet_courant]
        sommet_courant_du_cycle = cycle[-1] # dernier sommet ajoute au cycle

        # Construction d'un cycle
        # Choisit  le  premier sommet du cycle comme voisin du sommet courant
        sommet_suivant_du_cycle = premier_sommet_connecte(graphe, sommet_courant_du_cycle)
        while sommet_suivant_du_cycle is not None :
            # Ajoute un sommet au cycle
            cycle.append(sommet_suivant_du_cycle)
            # Enleve la  connexion du graphe
            graphe[sommet_courant_du_cycle].remove(sommet_suivant_du_cycle)
            graphe[sommet_suivant_du_cycle].remove(sommet_courant_du_cycle)
            # Choisit  le  prochain sommet
            sommet_courant_du_cycle = sommet_suivant_du_cycle
            sommet_suivant_du_cycle = premier_sommet_connecte(graphe, sommet_courant_du_cycle)

        # Ajout du cyle  construit  au circuit  eulerien
        index =  circuit .index(sommet_courant)
        circuit  =  circuit [:index] + cycle +  circuit [index+1:]
        # Choisit  le  prochain sommet
        sommet_courant = sommet_avec_des_connexions(circuit, graphe)
    return  circuit

if  possede_un_circuit_eulerien(graphe) is  False  :
    print('Ce graphe ne contient pas de circuit  eulerien.')
else  :
    print('Voici  un  circuit  eulerien \n',  construction_circuit_eulerien (graphe, 0))
```

Avant Euler

Dans son ouvrage *Les récréations mathématiques*, en 1882, Édouard Lucas propose des dessins à réaliser d'un seul trait. Cela correspond à trouver un chemin eulérien dans un graphe. Il énonce le problème à la page 36 comme suit « Je me suis laissé dire que Mahomet dessinait d'un seul coup, avec la pointe de son cimeterre, sa signature formée de deux croissants opposés ». Il donne le dessin ci-contre. Savoir tracer en un seul coup ce dessin revient exactement à trouver un circuit eulérien dans un graphe formé par les intersections des lignes du dessin.

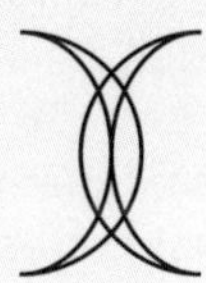

Figure 40 – Signature de Mahomet.

Édouard Lucas (04/04/1842 - 03/10/1891)

Figure 41 – Édouard Lucas.

Édouard Lucas est un mathématicien français, né à Amiens, qui a étudié la théorie des nombres. Il a étudié les nombres de Fibonacci qu'il a généralisés en introduisant les nombres de Lucas comme suit $L_{n+2} = L_{n+1} + L_n$ avec $L_0 = 2$ et $L_1 = 1$. Il a aussi inventé un test de primalité amélioré par Derrick Lehmer en 1927, appellé de nos jours test de primalité de Lucas-Lehmer. Grâce à sa technique, en 1876, il a pu montrer que 170141183460469231731687303715884105727 est un nombre premier : il s'agit du nombre premier de Mersenne M_{127}. Il a étudié les coefficients binomiaux dans le célèbre théorème de Lucas. Il a aussi inventé les réglettes de Genaille-Lucas qui améliorent les bâtons de Napier ou réglette de Neper. En 1617, cette invention de John Napier (l'inventeur du logarithme népérien) permet de calculer plus rapidement des produits, divisions, puissances ou racines carrées à l'aide d'un algorithme et de réglettes. Il a notamment écrit les 4 tomes des *Récréations mathématiques*, dans lesquels il présente le fameux problème des ponts de Königsberg. Il a aussi inventé le jeu des Tours de Hanoï et le jeu de La Pipopipette.

Marin Mersenne (08/09/1588 - 01/09/1648)

Figure 42 – Marin Mersenne.

Marin Mersenne est un moine physicien, mathématicien et philosophe. Il a étudié l'acoustique et proposé les Lois de Mersenne dans son *Traité de l'harmonie universelle* en 1637. Cette théorie décrit le fonctionnement des instruments à cordes comme le piano ou la harpe. Il a aussi étudié la chute des corps en même temps que Galilée. En mathématiques, il est connu pour les nombres premiers de Mersenne qui sont de la forme $2^p - 1$. Les nombres premiers de Mersenne sont rares : seulement 51 sont connus en 2018.

Leonardo Fibonacci (1175 - 1250)

Célèbre mathématicien italien, il a écrit en 1202 *Liber abaci* (*Le livre des calculs*), un traité sur le calcul et la comptabilité qui introduit les nombres arabes (dont le zéro). Dans cet ouvrage, il étudie la croissance des populations de lapins et plus précisément ce problème : « Quelqu'un a déposé un couple de lapins dans un certain lieu, clos de toutes parts, pour savoir combien de couples seraient issus de cette paire en une année, car il est dans leur nature de générer un autre couple en un seul mois, et qu'ils enfantent dans le second mois après leur naissance. » Pour résoudre ce problème, il suppose que :

Figure 43 – L. Fibonacci.

- les lapins ne peuvent procréer qu'après deux mois d'existence;
- chaque début de mois, toute paire susceptible de procréer engendre exactement une nouvelle paire de lapereaux;
- les lapins ne meurent jamais.

Pour modéliser une population de lapins, il introduit la fameuse suite de Finonacci définie par $F_1 = F_2 = 1$ et $F_{n+2} = F_{n+1} + F_n$. Il écrit un autre traité sur la géométrie en 1220.

Tours de Hanoï

Édouard Lucas a attribué, dans son ouvrage, l'invention de ce jeu à N. Claus de Siam (un anagramme de Lucas d'Amiens) professeur au collège de Li-Sou-Stian (anagramme de Saint-Louis, le lycée où Lucas enseignait). Dans ce jeu, il y a trois tours A, B et C. Au départ, la tour A contient des disques qui sont *empilés* du plus grand au plus petit (le plus grand est en bas) et les tours B et C sont vides. L'objectif est de faire passer tous les disques sur la tour C et de vider les tours A et B. Les règles du jeu sont simples :

Figure 44 – Tours de Hanoï.

- ne déplacer qu'un disque à la fois;

- ne jamais poser un disque sur un plus petit.

Dans son livre, Lucas introduit le jeu par une histoire qui raconte que des moines déplacent une tour de 64 disques en or et que, lorsqu'ils auront fini, ce sera la fin du monde. Or, il faut $2^{64} - 1$ coups au minimum pour parvenir à résoudre ce problème avec 64 disques, ce qui fait environ 584,5 milliards d'années, si un coup est effectué par seconde.
Ce jeu est un grand classique en algorithmique, car il se résout naturellement avec un algorithme récursif très simple. Cet algorithme consiste à déplacer tous les disques sauf un de la tour A vers la tour B en utilisant la tour C comme intermédiaire, puis de déplacer le disque restant vers la tour C et enfin de déplacer les disques de la tour B vers la tour C en utilisant la tour A comme intermédiaire.

```
fonction Hanoï(n, A, B, C)
    si n ≠ 0
        Hanoï(n-1, A, C, B)
        Déplacer le disque de A vers C
        Hanoï(n-1, B, A, C)
```

Pipopipette

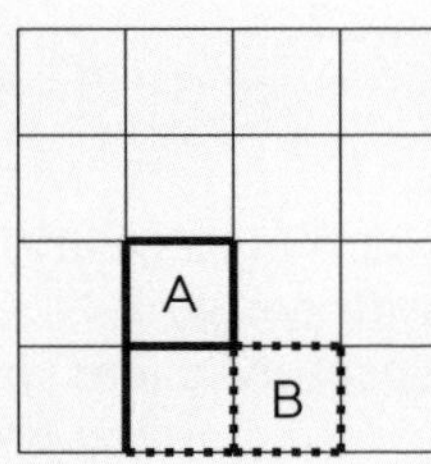

Ce jeu à deux joueurs est aussi connu sous le nom de «jeu des petits carrés». Il se joue sur une feuille de papier quadrillée avec deux crayons de couleurs différentes. Chacun à son tour, les joueurs tracent un trait de leur couleur en suivant le bord d'un carreau de la grille de la feuille. Le joueur qui a réussi à former le plus de carrés de sa couleur remporte la partie. Ce jeu est décrit dans le livre *Jeux scientifiques pour servir à l'Histoire, à l'Enseignement et à la Pratique du calcul et du dessin*. Ci-dessus, une partie entre le joueur A qui joue avec les traits pleins et le joueur B qui joue avec les traits en pointillés. Chaque joueur a fait un carré, le score est donc de 1 partout.

Objectifs informatiques

Les objectifs de cette énigme sont multiples :

- savoir modéliser un problème : représenter un graphe;
- manipuler des graphes;
- construire un cycle dans un graphe;
- fusionner deux cycles.

15 Le compte est bon ☆☆☆

« L'excès de vitesse constitue un danger non seulement sur la route, mais dans les études. »
Jacques Capelovici, *En plein délire scolaire*, 1984.

Jacques Capelovici (19/12/1922 - 20/03/2011)

Jacques Capelovici, aussi connu sous le pseudonyme de Maître Capelo, est un célèbre grammairien arbitre des *Jeux de 20 heures* entre 1976 et 1987 qui a une bouille incroyable. Il a aussi participé au jeu télévisé *Les chiffres et les lettres* dans les années 1990. Cette émission, créée en 1965, s'est d'abord appelée *Le mot le plus long* jusqu'en 1972. En 2022, ce jeu télévisé quotidien est toujours diffusé, ce qui en fait le plus ancien du paysage audiovisuel français.

Figure 45 – Maître Capelo.

L'idée est de résoudre le problème en construisant l'ensemble des résultats possibles à l'aide d'un arbre syntaxique abstrait. Pour cela, il est possible, en Python 3, de représenter un nœud de l'arbre par un dictionnaire dont le premier champ correspond à la valeur de la racine de l'arbre et le second champ contient l'expression qui a permis de calculer cette valeur. Le premier nœud de l'arbre est constitué de six feuilles qui ont chacune comme champ la valeur d'une des cartes initiales et son expression en tant que chaîne de caractères. Ensuite, il faut calculer toutes les combinaisons de deux cartes avec les quatre opérations possibles que sont l'addition, la soustraction, la multiplication et la division entière. Il faut recommencer pour construire tous les arbres à partir des arbres restants et continuer ainsi jusqu'à ce qu'il ne soit plus possible d'ajouter des combinaisons. Une fois la liste de tous les arbres possibles construite, il suffit de sélectionner la racine qui correspond à la valeur cherchée ou qui est la plus proche. Afin d'éviter de reparcourir tous les arbres, dans la solution proposée ici, les valeurs les plus proches ou les valeurs exactes cherchées sont directement identifiées et enregistrées dans des listes.

Construire ces arbres peut très vite être long et consommer beaucoup de mémoire si le programmeur n'est pas attentif et rusé. Il se peut que les essais de programmes fassent tourner vos machines à pleine puissance pendant de longs moments. La solution proposée ne prend que quelques secondes sur une machine de bureau standard pour 6 cartes, en espérant que la vôtre soit elle aussi efficace et correcte.

Construction d'un graphe

Dans le programme 25, la fonction `calculer` prend en paramètres deux arbres syntaxiques abstraits et une opération. Elle applique, si cela est possible, l'opération et renvoie le nouvel arbre syntaxique abstrait ainsi créé. Il faut construire la nouvelle expression avec des parenthèses pour faciliter la lecture du résultat. Les conditions pour la négation signifie qu'il n'est pas possible d'avoir des nombres négatifs dans les calculs intermédiaires. Pour la multiplication : il est inutile de multiplier par zéro ou par un. Enfin, pour la division : il est interdit de diviser par zéro, il est inutile de diviser par un, et la division doit être entière.

Dans la partie initialisation de la fonction `resoudre`, il faut créer un premier nœud qui contient l'ensemble des cartes disponibles au départ. Il faut initialiser la liste des solutions ainsi que la liste des solutions approchées.

Ensuite, tant que de nouveaux arbres sont créés, il faut tester les combinaisons avec les arbres restants. Par exemple, avec 3 feuilles `a`, `b`, `c` et un opérateur, cela donne après l'initialisation `['a','b','c']`. Ensuite, l'arbre est enrichi de `'[(a+b)','c']`, `['(a+c)','b']`, `'[(b+c)','a']`, puis de `'(a+b)+c',]`, `['(a+c)+b',]`, `['(b+c)+a',]`. En reprenant la formule de l'encadré de l'énoncé, il y a bien 9 arbres possibles, car $9 = \binom{3}{2} + \binom{3}{2}\binom{2}{2} + 3 = 3 + 3 + 3$.

Il faut aussi remarquer que, si l'objectif est atteint, il n'est pas nécessaire de continuer avec cet arbre.

Enfin, il n'est pas utile de parcourir deux fois la liste des arbres syntaxiques abstraits construits pour trouver les solutions, il suffit de les stocker au fur et à mesure de leur construction.

Programme 25 – Le compte est bon.

```
import random

# Ensemble des cartes possibles
jeu =  [1,2,3,4,5,6,7,8,9,10,25,50,75,100]*2
operations = ['+','-','*','/']

# Tirage au hasard de 6 cartes
cartes = random.sample(jeu, 6)

# Tirage au hasard du but suivant les regles du jeu
but = random.randint(101, 999)

print('Voici les cartes ',cartes,'pour obtenir ',but)

# Fonction qui calcule avec 2 arbres a1 et a2 le prochain arbre calcule avec une operation donnee
def calculer(a1, a2, operation):
    if operation == '+' :
        return {'valeur' : a1['valeur'] + a2['valeur'],
                'expression' : '('+ a1['expression'] + '+' + a2['expression']+')'}
    if operation == '-' and a1['valeur'] > a2['valeur'] :
        return {'valeur' : a1['valeur'] - a2['valeur'],
                'expression' : '('+ a1['expression'] + '-' + a2['expression']+')'}
    if operation == '*' and a1['valeur'] > 1 and a2['valeur'] > 1 :
        return {'valeur' : a1['valeur'] * a2['valeur'],
                'expression' : '('+ a1['expression'] + '*' + a2['expression']+')'}
    if operation == '/' and a1['valeur'] >1 and a2['valeur'] >1 and a1['valeur']%a2['valeur'] == 0 :
        return {'valeur' : a1['valeur'] // a2['valeur'],
                'expression' : '('+ a1['expression'] + '/' + a2['expression']+')'}
    return None

def resoudre(cartes, but):
    # Initialisation : mettre les cartes tirees comme feuilles de l'arbre
    arbre = []
    feuilles = []
    for carte in cartes:
        feuilles .append({
            'valeur' : carte,
            'expression': str(carte)
        })
    arbre.append(feuilles)
    # Initialisation des solutions
    solutions_exactes = []
    solutions_proches = [{'valeur' : 0, 'expression': '0'}]
    for carte in arbre[0] :
        if carte['valeur'] == but :
            solutions_exactes.append(carte['expression'])
        if abs(carte['valeur'] - but) < abs(solutions_proches[0]['valeur'] - but):
            solutions_proches = [carte]
    # Construction de tous les arbres possibles
    index = 0
    while index < len(arbre):
        cartes_courantes = arbre[index]
        for i in range(0, len(cartes_courantes)):
            carte1 = cartes_courantes[i]
            for j in range(0, i):          # Ne considerer qu'une seule fois chaque paire de cartes
```

```
                carte2 = cartes_courantes[j]
                for operation in operations:
                    resultat = calculer(carte1, carte2, operation)
                    if resultat is None:
                                        # Si le calcul echoue alors essayer dans l'autre sens
                        resultat = calculer(carte2, carte1, operation)
                                        # Sinon inutile de permuter car a+b = b+a et a*b = b*a
                    if resultat is not None:
                        if resultat['valeur'] == but:
                                        # N'ajoute que si la solution n'existe pas deja
                            present = False
                            for s in solutions_exactes :
                                if s == resultat['expression'] :
                                    present = True
                                    break
                            if present == False :
                                solutions_exactes.append(resultat['expression'])

                                        # Pas besoin d'ajouter la solution a l'arbre
                        else:
                                        # Construction du nouveau noeud avec le resultat plus
                                        # les arbres restants(arbres differents de i et j)
                            nouveau_noeud=[resultat]
                            for k in range(0, len(cartes_courantes)) :
                                if k != i and k != j :
                                    nouveau_noeud.append(cartes_courantes[k])
                            # Ajout du nouveau noeud a l'arbre
                            arbre.append(nouveau_noeud)

                            # Mise a jour de la valeur approchee si besoin
                            if abs(resultat['valeur']-but)<abs(solutions_proches[0]['valeur']-but):
                                solutions_proches=[resultat]
                            elif abs(resultat['valeur']-but)== \
                                 abs(solutions_proches[0]['valeur']-but):
                                # n'ajoute que si la solution approchee n'existe pas deja
                                present = False
                                for s in solutions_proches :
                                    if s['expression'] == resultat['expression'] :
                                        present = True
                                        break
                                if present == False :
                                    solutions_proches.append(resultat)
        index = index + 1
    return solutions_exactes, solutions_proches

sol_exacte, sol_approchee = resoudre(cartes, but)
if len(sol_exacte) > 0:
    print('Au moins une solution :')
    for solution in sol_exacte:
        print(solution, '=', but)
else:
    print('Pas de solution exacte :')
    for s in sol_approchee :
        print(s['expression'], '=', s['valeur'])
```

Cette énigme demande de maîtriser le langage de programmation et de penser un algorithme itératif qui construit tous les arbres syntaxiques abstraits possibles. Elle fait partie des problèmes proposés dans *Programmation efficace, Les 128 algorithmes qu'il faut avoir compris et codés dans sa vie* par Christoph Dürr et Jill-Jênn Vie.

Objectifs informatiques

Les principaux objectifs de cette énigme sont :

- modéliser un problème complexe ;
- construire et manipuler des arbres syntaxiques abstraits ;
- optimiser un algorithme.

Table des figures

1 Texte à décoder. 11
2 Crêpes (en carton) et spatule. 14
3 Trieuse IBM D3 commercialisée en 1958. 15
4 Shadok. 16
5 Une bouteille de Klein. 17
6 Ruban de Möbius. 17
7 Logo des matériaux recyclables. 17
8 Logo de Python. 18
9 Texte chiffré par la méthode de la scytale. 39
10 Exemple de chiffrement à l'aide d'une scytale. 40
11 Nelson Mandela. 41
12 Plan de Königsberg. 44
13 Modélisation des sept ponts de Königsberg. 45
14 Portrait de Leonhard Euler en 1753 par Jakob Emanuel Handmann. 46
15 Richard Stallman. 66
16 Henri Ernest Dudeney. 72
17 Johann Carl Friedrich Gauss. 77
18 Bertrand Russell. 78
19 Kurt Gödel. 78
20 Tony Hoare. 87
21 Boulier chinois, *Encyclopædia Britannica* (1875). 93
22 Claude Piéplu. 95
23 Hérodote. 98
24 René Descartes. 101
25 Paul Kocher. 104
26 William Rowan Hamilton. 111
27 Edward Snowden. 115
28 Aaron Swartz. 116
29 Logo de TOR. 117
30 Pierre Dac. 118
31 Paul Erdös. 123
32 Alonzo Church. 128
33 Georg Cantor. 131
34 Pierre Bézier. 137
35 Paul de Casteljau. 137
36 Benoît Mandelbrot. 138
37 David Hilbert. 142
38 Raymond Devos. 147

39 Honoré de Balzac. 157
40 Signature de Mahomet. 161
41 Édouard Lucas. 162
42 Marin Mersenne. 162
43 L. Fibonacci. 163
44 Tours de Hanoï. 163
45 Maître Capelo. 166

Liste des abréviations

ANSSI Agence nationale de la sécurité des systèmes d'information . . . 29
ASCII American Standard Code for Information Interchange 5
CAO Conception assistée par ordinateur 35
CIA Central Intelligence Agency 115
CMYK Cyan, Magenta, Yellow, Key 19
CMJN Cyan, Magenta, Jaune, Noir 19
CSP Communicating Sequential Processes 87
FSF FreeSoftware Foundation 67
GIMP GNU Image Manipulation Program 67
GNU GNU is Not Unix 67
GPL General Public License 67
HTML Hyper Text Markup Language 116
IBM International Business Machines Corporation 15
INRIA Institut national de recherche en informatique et en automatique 129
MIT Massachusetts Institute of Technology 38
NIST National Institute of Standards and Technology 29
NSA National Security Agency 115
OAEP Optimal Asymmetric Encryption Padding 115
OCaml Objective Categorical Abstract Machine Language 70
PSFL Python Software Foundation License 67
RAM Random Access Memory 159
RVB Rouge-Vert-Bleu 19
RGB Red-Green-Blue 19
RSS Really Simple Syndication 116
RSA Rivest Shamir Adelman 27
SHA Secure Hash Algorithm 31
TOR The Onion Router 116
TSP Travel Salesman Problem 111

Bibliographie

[DL19] Jean-Guillaume Dumas, Pascal Lafourcade, *Treize défis de la cybersécurité : relectures croisées*, La sécurité de Bitcoin et des Blockchains, CNRS, 2019.

[DLTV18] Jean-Guillaume Dumas, Pascal Lafourcade, Ariane Tichit, Sébastien Varette, *Les blockchains en 50 questions, comprendre le fonctionnement et les enjeux de cette technologie innovante*, Dunod, 2018.

[Gui21] Julien Guillod, *Programmation Python par la pratique Problèmes et exercices corrigés*, Dunod, 2021.

[KJJ99] Paul C. Kocher, Joshua Jaffe, Benjamin Jun, *Differential power analysis*, In Michael J. Wiener, editor, *Advances in Cryptology - CRYPTO '99, 19th Annual International Cryptology Conference, Proceedings*, volume 1666 of *Lecture Notes in Computer Science*, pages 388–397, Springer, 1999.

[Koc96] Paul C. Kocher, Timing attacks on implementations of diffie-hellman, rsa, dss, and other systems, In Neal Koblitz, editor, *Advances in Cryptology - CRYPTO '96, 16th Annual International Cryptology Conference, Proceedings*, volume 1109 of *Lecture Notes in Computer Science*, pages 104–113, Springer, 1996.

[Lag85] Jeffrey C. Lagarias, *The 3x + 1 problem and its generalizations, American Mathematical Monthly*, 92(1) :3–23, 1985.

[LM21] Pascal Lafourcade, Malika More, *25 énigmes ludiques pour s'initier à la cryptographie*, Dunod, 2021.

Index

A

Adleman, Leonard M. 88
Algorithme
  d'Euclide étendu 28
  de Shor 30
  glouton 108
Alice 31, 113
Alon, Noga 124
Amiens 162
André Isaac 118
ANSSI 29
Apartheid 41
Arbre syntaxique abstrait 48
Aristagoras 97
Arithmétique modulaire 27
ASCII . . 5, 27, 54, 58, 65, 67, 68, 70, 71, 103, 113, 152-154
Attaque par canaux auxiliaires 104
Audacity 67

B

Bépo 62
Bézier, Pierre 35, 137
Bâton
  de Napier 162
  de Plutarque 40
Balzac, Honoré de 157
Base dix 59
Bell, Tim 38
Bellemare, Pierre 118
Bengio, Yoshua 88
Bibi-binaire 94
Big Data 84
Biglotron 118
Binaire 92
Bit 30
Bitcoin 120
Blanche, Francis 118
Blender 67
Bob 31
Boucle infinie 175
Boulier 93
Bouteille de Klein 16, 17

C

Cantor, Georg 131
CAO 35
Capelovici, Jacques 166
Casteljau 135
Cervantes, Miguel de 79
Chiffrement asymétrique 30
Church, Alonzo 128
Chvátal, Václav 111
CIA 115
Citroën 137
Clarke, Edmund 88

CMJN ... 19
CMYK ... 19
Colemak ... 62
Coleman, Shai ... 62
Collatz, Lothar ... 34
Coluche ... 118
Complexité ... 75, 86
Cook, Stephen ... 88, 111
Copyleft ... 67
Copyright ... 67
Coq ... 129
Courtier, Jean-Paul ... 16
Cryptarithme ... 12
Cryptomonnaie ... 31
CSP ... 87
Curry-Howard ... 128

D

Dac, Pierre ... 118
Dealey, William ... 62
Descartes, René ... 101
Devos, Raymond ... 147
Division euclidienne ... 28
Don Quichotte ... 79
Douady, Adrien ... 139
Double dépense ... 120
Droit d'auteur ... 67
Dudeney, Henry ... 72
Dvorak ... 62
Dvorak, August ... 62
Démarate ... 97
Dürr, Christoph ... 170

E

Effet de bord ... 83, 88
Einstein, Albert ... 16
Emerson, Allen ... 88
Empreinte ... 32
Encre
    invisible ... 98
    sympathique ... 98
Problème de la décision ... 143
Erdös, Paul ... 123
Euler, Leonhard ... 28, 44, 46
Exposant ... 130

F

Faget de Casteljau, Paul ... 137
Fatou, Pierre ... 138
Fermat, Pierre de ... 29
Feurzeig, Wally ... 38
Fibonacci, Leonardo ... 162, 163
Firefox ... 67
Fonction de hachage ... 31, 121
Fork ... 121
Free Software ... 66
FSF ... 67

G

Gödel, Kurt ... 78
Généicité ... 12
Galilée ... 162
Gardner, Martin ... 142
Gauss, Johann Carl Friedrich ... 77
GIMP ... 67
Gleick, James ... 138
GNU ... 67
Goldwasser, Shafi ... 88
Gonthier, Georges ... 129
Goodfellow, James ... 22
GPL ... 67
Graphe connexe ... 110
Greenwald, Glenn ... 115

H

Haché . . . 32
Hamilton, William Rowan . . . 111
Hamming, Richard . . . 88
Handbrake . . . 67
Handmann, Jakob Emanuel . . . 46
Haskel . . . 128
Heighway, J.E . . . 142
Hexadécimal . . . 19, 92
Hierholzer, Carl . . . 158, 160
Hilbert, David . . . 142
Hinton, Geoffrey . . . 88
Histiée . . . 97
Hoare, Charles Antony Richard . 81, 87
Hollerith, Herman . . . 15
HTML . . . 116
Hubbard, John H. . . . 139
Hérodote . . . 97

I

IBM . . . 15, 122
Incomplétude . . . 79
Indicatrice d'Euler . . . 28
Inkscape . . . 67
INRIA . . . 129
Interstice . . . 89
IoT . . . 84

J

Julia, Gaston . . . 138

K

Königsberg . . . 44, 162
Kaliningrad . . . 44
Karp, Richard . . . 88
Keccak . . . 32
Kirsch, Russell . . . 150
Klerk, Frederik de . . . 41
Knuth, Donald . . . 88
Kocher, Paul . . . 104

L

Lambda calcul . . . 128
Lamport, Leslie . . . 88
Landau, Edmund Georg Hermann . 86
Lapointe Boby . . . 94
Le Cun, Yann . . . 88
Lehmer, Derrick . . . 162
Lessig, Lawrence . . . 66
LibreOffice . . . 67
Lisp . . . 128
Listing, Johann Benedict . . . 17
Logiciel libre . . . 66
Logique de Hoare . . . 87
LOGO . . . 38
Lucas, Édouard . . . 161, 162

M

Maître Capelo . . . 166
Makowsky, Johann Andreas . . . 124
Mandela, Nelson . . . 40, 41
Mandelbrot, Benoît . . . 135, 138
Mantisse . . . 130
Markdown . . . 116
Martin, Joël . . . 147
Maupassant, Guy de . . . 157
Menger, Karl . . . 142
Mersenne, Marin . . . 162
Micali, Sylvio . . . 88
Milner, Robin . . . 88
Minsky, Marvin . . . 88

MIT ... 38
Mosely, Jeannine ... 142
Mutable ... 83
Möbius, August Ferdinand ... 17

N

Nakamoto, Satoshi ... 31, 120
Napier, John ... 162
NIST ... 29, 32, 150
Norme IEEE 754 ... 130
NP ... 111
NSA ... 115

O

OAEP ... 115
Objectif de hachage ... 31
OCaml ... 70, 128
Ordinateur quantique ... 30
Ordre des Arts et des Lettres ... 96

P

Palahniuk, Chuck ... 104
Papert, Seymour ... 38
Paradoxe du menteur ... 79
Peano, Giuseppe ... 141
Piéplu, Claude ... 16, 95
PIN ... 105
Pipopipette ... 162, 164
Pivot de Gauss ... 77
Pixel ... 18, 150
Pline l'Ancien ... 98
Poitras, Laura ... 115
Polymorphisme de type ... 70
Polynôme ... 35
    de Bernstein ... 35
Poskanzer, Jef ... 152
PostScript ... 137
Preuve de travail ... 120
Prix
    Nobel ... 78, 88
    Turing ... 87, 88
Problème de la décision ... 143
Programmation fonctionnelle ... 128
Programme de Hilbert ... 143
PROLOG ... 77
Proust, Marcel ... 157
PSFL ... 67

Q

Quicksort ... 87

R

Récursivité ... 126
    terminale ... 127
Réglette de Neper ... 162
Résistance aux collisions ... 32
RAM ... 159
Reddit ... 116
Renault ... 137
Représentation décimale ... 59
RGB ... 19, 20
Rivest, Ronald L. ... 88
Rouxel, Jacques ... 16, 90
RSA ... 27-30, 46, 52, 61, 104, 113, 115
RSS ... 116
Ruban de Möbius ... 17
Russell, Bertrand Arthur William ... 78
RVB ... 19

S

Scheme 128
Schmilblick 118
Scytale 39, 40
SHA 31, 32, 121
Shadoks 16, 90
Shamir, Adi 88
Shelah, Saharon 124
Shor, Peter 30
Sierpinski, Waclaw 141
Sifakis, Joseph 88
Signe 130
Snowden, Edward 113, 115
Stéganographie 97
Stallman, Richard 65, 66
Strand Magazine 72
Swartz, Aaron 116

T

Théorème
  de Feit-Thompson 129
  de Fermat (petit) 29
  de Tchebychev 123
  des quatre couleurs 129
Tixeuil, Sébastien 124
Ti par insertion 85
TOR 116, 117
Tortue 37
Tours de Hanoï 162, 163
Tri
  à bulles 86
  fusion 85
  par maximum 85
  radix 84
  rapide 86, 87
Trieuse IBM D3 15
TSP 111
Turing, Alan 88, 143
Typage
  dynamique 70
  statique 70
Type 68

U

Unicode 67
Unix 67
UTF-8 68

V

Vie, Jill-Jênn 170
VLC Media Player 67

W

Werner, Benjamin 129
Whitehead, Alfred North 78
Wikipédia 85, 116

X

Xerxès 97

Y

Yao, Andrew 88

Z

Zola, Émile 157

83430 - (I) - SOP 90 - LUM - CMU
Imprimerie CHIRAT - 42540 Saint-Just-la-Pendue

Dépôt légal : novembre 2022

Imprimé en France